E. LEROY.

# AVICULTURE.

## LA
# PERRUCHE ONDULÉE

### ET AUTRES PERRUCHES ACCLIMATÉES

CALOPSITTE, EDWARDS, ALEXANDRE, A CROUPION BLEU
NÉO-ZÉLANDAISE, DE MADAGASCAR,
DE PARADIS, DE SWAINSON, DE PENNANT, ETC.

## LES DIAMANTS. — LES BENGALIS.

INSTALLATION, NOURRITURE, REPRODUCTION,

### PAR UN ÉLEVEUR.

ILLUSTRATIONS DE M. E. BELLECROIX.

Deuxième édition.

PARIS,
LIBRAIRIE DE FIRMIN-DIDOT ET Cⁱᵉ
56, RUE JACOB, 56
1883.

# LA PERRUCHE ONDULÉE

## ET AUTRES PERRUCHES ACCLIMATÉES.

---

## LES DIAMANTS. — LES BENGALIS.

E. LEROY.

# AVICULTURE.

## LA
# PERRUCHE ONDULÉE.

ET AUTRES PERRUCHES ACCLIMATÉES :

CALOPSITTE, EDWARDS, ALEXANDRE, A CROUPION BLEU,
NÉO-ZÉLANDAISE, DE MADAGASCAR,
DE PARADIS, DE SWAINSON, DE PENNANT, ETC.

## LES DIAMANTS. — LES BENGALIS.

INSTALLATION, NOURRITURE, REPRODUCTION,

PAR UN ÉLEVEUR.

ILLUSTRATIONS DE M. E. BELLECROIX.

**Deuxième édition.**

PARIS,
LIBRAIRIE DE FIRMIN-DIDOT ET C<sup>ie</sup>,
56, RUE JACOB, 56.
1883.

A

# MONSIEUR ERNEST BELLECROIX,

Rédacteur en chef à la *Chasse illustrée.*

*Mon cher ami,*

*Dans la voie, scabreuse pour mes moyens, où je me suis engagé, j'ai toujours trouvé, pour m'aider, vos encouragements, vos conseils, votre crayon de naturaliste, si sympathique et si vivant.*

*C'est bien le moins que je me souvienne.*

*Permettez-moi de vous dédier ce petit livre.*

*Ce que je souhaite à ce nouveau-né, c'est qu'il vive . . . aussi longtemps que l'attachement que je vous ai voué.*

E. LEROY.

# INTRODUCTION

« . . . . . les fleurs vivantes. »

En abordant l'étude qui va suivre, je me propose de pénétrer, en compagnie du lecteur et surtout de l'aimable lectrice, dans les petits mystères de la vie privée d'oiseaux intéressants au possible et, considération qui me vaudra beaucoup d'indulgence, devenus fort à la mode.

Je m'efforcerai, d'ailleurs, tout en disposant en son lieu chacun des jalons de cette étude, de mettre mon discours à la hauteur d'un aussi grave sujet.

Nous allons donc, pour peu que cela vous soit agréable, lier d'abord connaissance avec la *perruche ondulée;* rechercher son origine, examiner ses habitudes, son caractère, ses mœurs, sa vie de famille; étudier son genre de vie, son hygiène, sa nourriture, etc., etc.; en un mot, essayer de résoudre ensemble le problème de son acclimatation, de son éducation et de sa reproduction en captivité.

Cela fait, nous passerons en revue quelques-unes des perruches les plus connues et les mieux acclimatées; enfin, pour ajouter à l'étude des petits volatiles d'agrément, nous jetterons un coup d'œil sur la vie privée de quelques passereaux exotiques reproduisant en volière et intéressants: Diamants et Bengalis.

# LA PERRUCHE ONDULÉE.

## CHAPITRE I.

Définition. — Origine. — Habitudes.
Mœurs. — Caractère.

### DÉFINITION.

D'abord, deux mots de description.

Par sa structure, par ses formes élancées, par la petitesse de ses jambes, la longueur de ses ailes et de sa queue; en un mot, par son gréement et sa voilure, si je puis m'exprimer ainsi, la perruche ondulée se rapproche beaucoup de l'hirondelle, si ce n'est que, dans le vol, les plumes caudales ou *rectrices*, au lieu d'affecter la forme fourchue, se déploient en éventail, les plus longues au milieu, absolument comme celles du faisan.

L'ensemble du plumage est vert tendre, à

reflets métalliques, chatoyant et miroitant ; les couvertures des ailes marbrées de noir ; la nuque et la collerette d'un vert jaune, zébrées de lignes noires très fines, d'un dessin ondulé, d'où probablement le nom de l'oiseau ; la tête et la gorge jaunes chez les adultes ; une tache bleue sur la joue ; points noirs au-dessous.

Une membrane charnue, disposée au-dessus du bec et percée de deux petits trous, constitue l'appareil nasal.

C'est la nuance de cette membrane qui sert à distinguer le sexe et même l'âge des sujets : elle est bleu pâle chez les jeunes mâles, bleu ciel chez les mâles adultes, saumon chez les jeunes femelles, gris-brun chez les femelles plus ou moins majeures.

Quant au bec (dont Dieu garde vos doigts !), c'est la pince recourbée, c'est l'étau tranchant, c'est le bec puissant du perroquet.

Si l'on a pu dire, en parlant d'un écrivain, que « le style, c'est tout l'homme, » on peut affirmer, avec non moins d'à-propos, que le bec, c'est toute la perruche.

Ce bec lui sert aux usages les plus divers : à babiller, à broyer sa nourriture, à chanter, à aimer, à se défendre, à allaiter sa famille, et enfin... à se mouvoir.

Un bec instrument de locomotion chez un être déjà pourvu pour cet usage d'une paire d'ailes et d'une paire de pattes, cela semble, à première vue, une superfluité, quelque chose comme une cinquième roue à un char.

Mais nous allons voir de quel secours lui est cette cinquième roue, étant données les aptitudes spéciales de l'oiseau.

Pour peu, en effet, que vous ayez fréquenté la perruche ondulée, vous n'êtes pas sans avoir remarqué qu'elle est une gymnaste de première force.

Aussi semble-t-elle avoir été outillée en conséquence.

Voyez ses doigts, munis d'ongles d'une finesse aristocratique, terminés en pointe recourbée et bien entretenus. Elle en a quatre, deux à l'avant et deux à l'arrière, formant un double crampon qui s'oppose à soi-même et donne une force de préhension incomparable.

Aussi, pour elle point d'obstacles ; les impossibilités de la locomotion, elle ne les connaît pas ; les lois de l'équilibre, elle s'en rit.

Le trapèze lui est familier. Voyez-la, suspen-
due par une patte à une branche de graminée,
un fil, évoluant sans effort, soit qu'elle fourrage,
dans une attitude renversée, la touffe de verdure servie pour son déjeuner, soit qu'elle ramène, avec sa patte libre, les friandises rebelles
qu'elle déguste entre ses doigts.

Voyez-la se mouvoir avec aisance, à l'aide
de son bec et de ses griffes, le long des parois
de son habitation, la tête en bas, puis circuler
sous les voûtes, le dos renversé, avec la désin-
volture d'une mouche.

Vous comprenez sans peine, après cela,
qu'elle ait été classée dans l'*ordre des grimpeurs*.

Ses titres à cet ordre éminent sont incontestables, et nul doute même qu'elle n'y occupe
une place distinguée : elle doit y avoir, pour le
moins, rang de commandeur, voire de grand
officier.

- La perruche ondulée appartient, en outre,
au genre *Psittacus* (perroquet), lequel com-
prend, d'après le *Dictionnaire des sciences natu-
relles* de Drapier, quelque chose comme cinq
cent quarante-six espèces.

La perruche ondulée est donc un perroquet,

mais un perroquet aux dimensions réduites, un perroquet minuscule, gros à peine comme un pinson.


## ORIGINE.


— Vient-elle de Lilliput?

— Pas précisément, Mademoiselle, mais elle vient d'une île au moins aussi extraordinaire que Lilliput. Elle est originaire de l'Australie, un pays à la faune étrange, fantaisiste et para-doxale, où le règne animal se trouve représenté par des types qui sont comme un défi jeté à ce que l'imagination peut concevoir de plus ex-travagant.

— Alors, le produit de la carpe et du lapin…

— S'y trouve réalisé, ou du moins peu s'en faut, sous forme d'un quadrupède amphibie pourvu d'un bec de canard. Cet original a nom : *ornithorhynque.*

Mais revenons à nos perruches.

Nous disions donc que la perruche ondulée nous vient de l'Australie, la patrie des oiseaux à gros bec, cacatoës et autres; la terre natale des mammifères à grandes jambes, montés comme des sauterelles, et qui portent leurs enfants dans leur poche.

C'est là, dans les massifs d'eucalyptus, de saules et d'acacias que se rencontre la perruche ondulée, par vols innombrables, en compagnie de presque toutes les autres variétés de perruches : omnicolores, calopsittes, palliceps, de Swaënson, de paradis, etc., etc., se poursuivant par nuées à travers les branches, dont elles sont comme les feuilles volantes, comme les fleurs animées, tourbillonnantes et caquetantes.

En compagnie aussi des kangourous de toute taille, depuis le kangourou géant qui mesure neuf pieds de long, jusqu'au kangourou-nain, appelé aussi kangourou-rat, à cause de l'exiguïté de ses dimensions; et d'un autre excentrique baptisé par les savants du nom de phascolome : une manière de petit ours pas bien léché, terminé d'un bout par un groin, de l'autre par rien du tout, pas même un soupçon de queue.

Quant à la destination spéciale de tous ces

gens-là, vous la devineriez sans peine en voyant l'acharnement plein d'audace que tous, du haut en bas de l'échelle, apportent à détruire la végétation qui les entoure.

Il serait difficile de se faire une idée de l'entrain avec lequel tous s'attaquent à l'envi, sans vergogne et sans trêve : phascolomes aux racines, kangourous aux tiges et aux basses branches, perruches et cacatoès aux rameaux supérieurs et aux bourgeons.

Tous rongeurs, tous écorceurs, tous éplucheurs, tous émondeurs des fantaisies sans frein d'une végétation luxuriante qui, sans eux, envahirait tout.

La nature ne devait pas moins à l'Australie, un pays où il n'y a pas de marchands de bois.

## HABITUDES.

L'impression de toute personne qui s'approche pour la première fois d'une volière à perruches ondulées se traduit, la plupart du temps, par l'exclamation suivante :

— Tiens! on se croirait chez Guignol!

Il s'échappe, en effet, du compartiment, un cri répété, d'une nature particulière, tout à fait semblable à celui produit par la *pratique,* vous savez? ce petit instrument qui se place sous la langue et à l'aide duquel l'impressario fait parler ses acteurs de bois.

La vue de l'oiseau espiègle n'est point faite pour vous détromper, et, pour peu que vous lâchiez la bride à la folle du logis, vous n'êtes pas éloigné de croire que vous vous trouvez réellement en présence de mons Polichinelle lui-même.

Même vêtement aux couleurs éclatantes pailleté de jaune d'or;

Même nez crochu;

Même voix rauque, rageuse, nasillarde, enrouée.

Si le bâton auquel il se cramponne n'était pas un perchoir, solidement fixé à la volière, évidemment il s'en servirait pour rosser le commissaire.

Faute de mieux, il s'en prend à ce bâton, qu'il déchiquette en tout petits, tout petits, tout petits morceaux.

Déchiqueter paraît être son occupation favorite : menus grains destinés à sa nourriture, arbustes, perchoirs et au besoin les parois de sa maison, il faut que tout passe à l'égrugeoir de son bec.

Sa cage est jonchée de débris.

Tel, le nez de feu mon professeur de quatrième, bourré d'une main prodigue, semait sur son passage et laissait échapper à profusion la poudre chère aux priseurs.

Pas besoin de jetons de présence : une traînée de poussière brune, et l'on savait que le père Tabac ( c'est ainsi qu'irrévérencieusement nous l'avions surnommé) avait siégé deux heures.

Semblablement, toutes les fois que le sol d'une volière vous apparaît tapissé d'infiniment petits débris, cherchez la... perruche; vous pouvez être assuré qu'elle n'est pas loin.

Ce que le bec de la perruche, véritable meule constamment en activité, épluche, égruge, dissout, nettoie, réduit en poussière, est inconcevable.

Confiez-lui un arbuste, principalement un arbuste résineux, un thuya par exemple, ou un genévrier ; elle vous le rendra en sciure, en son, en mouture, en farine.

Pour une grugeuse, voilà une grugeuse !

A ce point que vous ne pouvez vous empêcher de lui prêter de fortes propensions au gaspillage.

Voyez : ce tantôt, vous aviez rempli son augette de millet et d'alpiste, et voici que tout ce grain est éparpillé ; il semble , en vérité , qu'elle ait pris un malin plaisir à le répandre de tous côtés, à le gâcher, à en faire litière.

Ne calomnions pas, cependant, et, avant d'aller plus loin dans nos suppositions désobligeantes, essayons de tirer la chose à clair et de voir ce qu'il y a derrière ce gaspillage apparent.

Eh bien ! non ; la perruche ondulée n'est pas une gâcheuse.

Pour vous en convaincre, vous n'avez qu'à souffler sur les débris qu'elle a éparpillés, et vous vous apercevrez que ce que vous preniez pour des grains de millet n'en est plus que l'enveloppe.

Ah ! c'est que la perruche est une personne minutieuse. C'est une délicate ; ce n'est pas elle qui dégusterait quoi que ce soit, millet, graminées, branches d'arbustes, sans que cette nourriture ait été, au préalable, examinée, épluchée, décortiquée, nettoyée.

Si elle a anéanti votre thuya, ce n'était pas dans le but platonique de détruire pour détruire, de vous causer un dommage ou de satisfaire un instinct malfaisant. Non : pour elle, cet arbuste représentait une nourriture, il était utile à son hygiène ; dès lors, elle en a absorbé les sucs, elle s'en est approprié la substance, elle en a distillé, brin par brin, la quintessence, puis elle a rejeté la partie ligneuse, ce qui n'était pas assimilable. Voilà tout.

L'attitude presque constante de la perruche ondulée est la perchée : il semble qu'elle ne descend à terre qu'avec répugnance, de crainte, sans doute, de salir ses doigts qu'elle entretient avec un soin tout particulier, à ce point qu'on croirait qu'elle est gantée de satin.

Lorsque, par hasard, elle daigne descendre soit pour ramasser quelque chose, soit par pur caprice, elle s'avance en se dandinant, non sans grâce, traînant la queue splendide de sa robe verte, que l'exiguïté de ses jambes fait paraître une fois plus longue : on dirait un lézard vert qui chemine.

Elle a, pour son plumage et pour l'entretien général de sa personne depuis les doigts jusqu'au bec, les soins les plus raffinés.

Elle aime le bain; mais elle le prend à sa manière, non dans un petit bassin, comme font beaucoup d'oiseaux de volière, mais à la pluie; elle étend ses ailes et présente successivement toute sa personne aux gouttes qui tombent du ciel; après quoi elle va se percher et lisse une à une toutes les pièces de son vêtement émeraude.

## CARACTÈRE.

A mesure que va se développer notre étude, nous allons voir que, sous des dehors criards, tapageurs parfois, la perruche ondulée cache un excellent caractère, un bon cœur, des qualités de famille tout à fait recommandables, une folle gaieté et une extrême sociabilité, toutes choses qui en font un animal d'agrément de premier ordre.

Il est vraiment difficile de décrire, d'une façon un peu complète, un caractère aussi mobile.

Toutes les passions à la fois.

Tour à tour, au même instant, à la même seconde, colère et aimante, criarde et attendrie, cassante et caressante,… au demeurant, la meilleure fille du monde.

Ondoyante et diverse, la perruche ondulée!

Tout à l'heure, elle était tapageuse, enrouée, braillarde; mais voici qu'un trait de lumière vient inonder son habitation; aussitôt elle devient gaie et tendre; elle chante une petite chanson d'une voix douce, perlée, pleine de trilles : on dirait le chant que jette au ciel l'alouette lorsqu'elle monte, monte par degrés dans les airs, se balançant dans un rayon de soleil.

D'autres fois, elle se précipite avec un cri rauque comme un défi. Vous croyez qu'elle va tout dévorer. Point. Elle rencontre un perchoir, s'arrête et se gratte; ou bien, secouant la tête d'un air mutin, elle raconte je ne sais

quoi dans un babil plein de gentillesse. Elle
partait agacée, elle retombe joyeuse. Pourquoi? elle n'en sait rien. Est-ce qu'elle a le
temps d'avoir de la suite dans les idées?

Elle aime la société; beaucoup de société;
plus elle est en nombre, plus elle est animée.
Si elle n'a pas inventé le proverbe : « Plus on
est de fous, plus on rit, » nul plus qu'elle ne
se montre disposé à en faire une large application.

Elle pousse même l'esprit de sociabilité jusqu'à admettre dans son intimité des oiseaux
d'espèces différentes, et à partager sa demeure
avec les premiers venus, sans distinction de
nationalité.

Pour mieux donner une idée de ce dont ce
caractère charmant est susceptible, je vous demanderai la permission de faire un emprunt
à mes notes.

Les premiers sujets dont je fis l'acquisition
m'arrivèrent fin octobre.

Afin de les étudier plus à l'aise, et eu égard
à la rigueur de la saison, je les installai
dans ma chambre à coucher pour y passer
l'hiver.

Une boîte cubique d'un mètre de côté, grillagée seulement sur le devant, en face de la fenêtre, leur servit d'habitation provisoire.

Nous verrons plus loin, au chapitre de l'*installation*, que ce système de cage, s'il pèche par le défaut d'élégance et le manque de coup d'œil, présente en revanche d'incontestables avantages pratiques au double point de vue de la santé des oiseaux et de la reproduction en captivité.

J'installai donc, comme il vient d'être dit, mes oiseaux au nombre de deux couples, à savoir : une femelle âgée de six mois, c'est-à-dire à peine adulte, et trois jeunes dont deux mâles, sortis du nid depuis huit jours à peine.

L'un des jeunes mâles, à force de câlineries et d'importunités, avait su se faire adopter par l'aînée, qui condescendit à lui prodiguer des soins tout maternels. Elle lui lissait les plumes, lui grattait la tête et lui donnait la becquée.

Cela fait, le petit appuyait sa tête sur le cou (j'allais dire sur le sein) de sa nourrice improvisée, et sommeillait ainsi à ses côtés.

Lorsque celle-ci se refusait de se prêter à ses caprices, il la poursuivait de perchoir en perchoir, avec force cris d'insistance, et la frappait à coup d'ailes et à coups de bec, jusqu'à ce que, de guerre lasse, elle se prêtât à son désir, et se mît à allaiter de nouveau le petit volontaire.

La perruche ondulée, nous le voyons, a cela de commun avec la tourterelle, que la nourriture qu'elle dispense à ses petits est devenue, par le travail de son estomac, assimilable comme du lait.

Bientôt (novembre) m'arrivèrent trois nouveaux couples. La réunion à celles dont nous venons de faire la connaissance ne souffrit aucune difficulté et n'engendra pas ces batailles si ordinaires dans le monde volatile entre gens qui se sentent chez eux et intrus, batailles dont les nouveaux arrivants paient presque toujours les frais.

Ici, rien de semblable.

On entrait, on volait au perchoir; on se mettait à manger; après quoi, hôtes de céans et nouveaux venus, confondus pêle-mêle, babillaient à l'unisson, s'entretenant des nouvelles du jour, ou sommeillaient côte à côte comme de vieilles connaissances.

Ensuite fut introduit un couple de perruches calopsittes, des Australiennes elles aussi, mais beaucoup plus grosses que les ondulées.

Il leur fut fait le même accueil amical, et bientôt tout ce monde picorait à la même grappe de millet, dans le plus touchant accord. Le temps d'entrer et de se voir, et la fusion est faite.

Braves petits cœurs! ni ondulés, ni calopsittes : tous australiens.

Une paire de petits chanteurs d'Afrique (*fringilla musica*) vint augmenter la colonie. Puis, pour couronner l'œuvre et voir jusqu'où peut aller la sociabilité de la perruche ondulée, je m'avisai d'introduire dans le compartiment deux jeunes colins houïs (de Virginie), que j'allai prendre dans la volière aux élèves.

Qu'allait-il se passer entre perruches et colins, entre personnages si différents d'origines, d'habitudes, de tempérament, de traditions, et peut-être (qui sait?) d'opinions et de religion?

Voyons un peu.

Ceci eut lieu le 29 janvier.

Il était environ dix heures du matin.

Le soleil, un soleil d'hiver, mais toujours

bien venu, brillait à travers les vitres ; et, dès lors, sur les perchoirs, il y avait concert.

Le mâle chanteur d'Afrique, l'air grave et comme inspiré, la tête haute, la perruque hérissée, se tournant à droite et à gauche comme pour marquer la mesure, émettait sa chanson du Sénégal, sorte de petit chant imitant celui de l'hirondelle.

Les perruches ondulées gazouillaient leurs airs les plus gais.

A un chœur d'ondulées venait de succéder un solo de calopsitte, vous savez? cet air doux comme une romance, et qui commence ainsi : « Kôtt! ê kôtt! ê kôtt! ê kôtt! ê kôtt!...... »

A ce moment, j'ouvris une trappe et j'introduisis mes deux colins.

L'entrée subite de ces deux étrangers, vêtus de gris fauve comme les autours, fut le signal d'une panique indescriptible.

Durant un quart de minute environ, ce furent des brouhaha, des frou frou, des vols effarés, des frôlements d'ailes, de petits cris de frayeur; que sais je? peut-être même des attaques de nerfs.

Quant aux colins, auteurs de tout ce bruit,

ils s'étaient retirés dans un coin, serrés l'un contre l'autre, tout penauds, interdits comme des villageois qu'on aurait introduits à la cour.

Cette brillante société, nouvelle pour eux, l'éclat de ces vêtements de soie verte, de coupe élégante ; ces doigts de satin ; les longues queues de ces costumes de cérémonies ; les huppes des calopsittes ; ces grandes manières ; ce chic exquis, évidemment tout cela leur imposait.

Cependant, l'humilité de leur attitude ne tarda pas à produire son effet, et, peu à peu, les frayeurs se calmèrent.

Le fait est que, en y regardant de plus près, les deux étrangers n'avaient sur eux rien de positivement alarmant : point de becs acérés ; point de griffes crochues ; en un mot, point d'armes prohibées.

Bientôt l'un d'eux, avisant quelques grains de millet épars, se mit à manger.

Dès lors tout s'expliqua.

Ce n'étaient point les forbans qu'on avait cru.

Point sanguinaires, ces gens-là, puisqu'ils mangeaient du grain !

C'était évident :

« *Dis-moi ce que tu manges, et je te dirai qui tu es.* »

Insensiblement, tout ce monde, ondulées, calopsittes, chanteurs du Sénégal, colins-houïs, officiait à la même table.

Des toasts furent-ils portés? Je serais presque disposé à l'admettre. Puis, peu à peu, les chants reprirent leur cours, entrecoupés çà et là d'un « ho-ouï! » des colins qui répondaient dans leur langue aux cris de rappel de leurs frères du dehors, ce qui donnait un cachet nouveau au morceau d'ensemble. On eût dit un solo de hautbois au milieu d'un opéra.

Décidément la fusion était faite, et la bonne harmonie (celle des cœurs s'entend) régnait céans, tempérée quelquefois, cependant, par quelques nuages, oh! sans grande importance.

Ainsi, la coline s'étant avisée d'entrer dans la soucoupe et de mettre, comme on dit, les pieds dans le plat, éparpillant le grain par une coutume familière aux gallinacés grands et petits, mais tout à fait contraire aux règles du *cant*, se vit rappeler vertement à l'ordre.

L'une des perruches ondulées, se détachant du perchoir, vint la chasser d'importance.

Fi donc! *shoking!* Mal-appris, ces paysans-là!

Quoi qu'il en soit, ces paysans-là, on était bien aise de mettre à contribution leur obligeance les jours de grands froids, et je surpris plus d'une fois une ondulée perchée sur le dos d'un colin, les doigts cramponnés dans la plume de l'oiseau bénévole pour se les réchauffer.

Quand on prend du colin... on n'en saurait trop prendre.

Nous venons de cueillir sur le vif un des point les plus saillants du caractère de la perruche ondulée, et nous venons de voir comment elle pratique les devoirs de société et les lois de l'hospitalité.

Nous l'avons même surprise dans la pratique d'une grande vertu : la charité, à propos de l'allaitement du petit perruchon par une perruche plus âgée.

## MŒURS.

Il nous reste à l'examiner à un dernier point de vue, celui des mœurs.

La perruche ondulée est une personne bien élevée, comme il faut, de bonne maison. Elle est correcte du côté des mœurs. Elle est fidèle dans le mariage.

De même que la colombe, de même que la sarcelle de la Chine, ces emblèmes de la fidélité conjugale, elle est *monogame*.

Parvenue à l'âge nubile, six à sept mois environ, elle contracte une union qui n'est dictée ni par des questions d'intérêt, ni par des considérations d'ambition ou de position sociale. Le cœur et l'inclination sont seuls consultés.

Les sujets se distinguent, s'apprécient, se choisissent, se marient et ne se quittent plus.

La mort seul de l'un d'eux les sépare.

Mais alors, différente en cela de la perruche inséparable, qui ne peut survivre au trépas de son conjoint et que la douleur tue, l'ondulée survivante se montre consolable et convole volontiers en deuxièmes noces.

C'est que les tempéraments ne sont pas les mêmes, et l'ondulée est une mondaine, étrangère à la mélancolie, faite pour le bruit, la société et la vie de famille.

Puis... que vous dirai-je?... Elle est si jeune!

C'est surtout dans la vie de famille que la perruche ondulée se montre intéressante, et nous verrons tout à l'heure le dévouement du père pour nourrir sa compagne et ses petits ; l'amour maternel de celle-ci ; les soins touchants, les attentions des deux époux l'un pour l'autre.

Maintenant, chers lecteurs, que la glace est rompue, que les présentations sont faites, et que nous avons lié connaissance avec la perruche ondulée, nous allons, si vous le permettez, continuer notre étude au point de vue de la pratique, et nous occuper des questions d'installation, de nourriture, de soins à donner, d'hygiène à observer, etc., etc.

Mais, préalablement, la logique exige que nous fassions nos acquisitions et que nous nous procurions nos oiseaux favoris, en vertu du précepte emprunté au livre de cuisine :

« Pour faire un civet, prenez un lièvre. »

# CHAPITRE II.



## ACQUISITIONS.

« Il y a fagot et fagot. »

C'est Sganarelle qui l'a dit.

Cette sentence judicieuse du *Médecin malgré lui* a fait son chemin, et trouve à chaque instant son application; mais jamais avec plus d'à-propos que lorsqu'il s'agit d'oiseaux dont nous voulons faire les compagnons de nos loisirs.

Car il y a perruche et perruche.

Il est donc essentiel de procéder en connaissance de cause, de faire des choix judicieux, et de nous procurer, autant que possible, des sujets valides, rustiques, solides et bon teint.

Acheter à la légère serait nous exposer à des déceptions, à la perte prématurée de petits

amis auxquels nous commencions à nous atta-
cher ; en un mot, nous préparer des regrets
réels.

Voyons dans quel sens doivent être dirigés
nos choix.

Les spécialistes distinguent deux sortes de
perruches ondulées :

1° *Les exotiques* ou *importées ;*

2° *Les indigènes.*

### PERRUCHES EXOTIQUES.

Les parties de l'Australie qu'habite la perruche ondulée se trouvent à peu près dans les
mêmes conditions climatériques que l'Europe
tempérée, et il semblerait, *a priori*, que la
perruche exotique n'eût rien à redouter de notre
climat français et dût s'y adapter sans grandes
difficultés.

Il n'en est rien, cependant, et diverses causes sont un obstacle sérieux à son acclimatation chez nous.

En premier lieu, le voyage.

Voici ce que je lis dans un opuscule assez

consciencieux sur la matière, et sans nom d'auteur (1) :

« Quand un navire quitte l'Australie, il emporte des quantités plus ou moins considérables de perruches renfermées dans des sabots en planches minces, longs de 1 mètre ; larges de 50 centimètres, sur une vingtaine de hauteur. Chaque sabot n'a que la devanture grillée , afin de pouvoir les superposer. Ils contiennent de cinquante à cent paires chacun.

« On conçoit que, parmi des oiseaux entassés dans des espaces aussi restreints , et, par suite, privés d'air, il se développe une chaleur malsaine qui, jointe à l'humidité, accélère la décomposition des déjections et des matières végétales données en nourriture et produit des germes de maladies.

« La nourriture est jetée chaque jour au fond des cages, que l'on entretient dans le meilleur état possible. Malheureusement, à bord des navires, ces soins ne sont pas aussi continus qu'ils devraient l'être.

« Un auget sert d'abreuvoir. L'oiseau, privé

_______________

(1) *Les Perruches ondulées...* par un amateur. Liège, imprimerie L. de Thier et F. Lovinfosse. 1869.

de mouvement, ne fait que manger une nourriture parfois échauffée et s'engraisse outre mesure. Un baquet est insuffisant pour qu'une telle
quantité de têtes se désaltèrent à la fois, et il ne
tarde pas à être rempli de détritus qui corrom-
pent l'eau. Les oiseaux placés dans de semblables conditions pendant près de trois mois, après
avoir été soumis à toutes les vicissitudes d'un
aménagement improvisé, arrivent dans un état
des plus critiques. Beaucoup même meurent pendant la traversée.

« *Les marchands qui les reçoivent s'empressent
de s'en débarrasser.* »

Permettez-moi, Madame, qui avez des acquisitions à faire, de recommander cette dernière
phrase à vos méditations.

Je continue ma citation :

« Comme les transports comprennent tous oiseaux pris au hasard, jeunes et vieux, ces derniers constituent d'abord une perte sèche parce
qu'ils ne reproduisent point et sont les premiers
à périr.

« Quoique généralement grasses à l'arrivée
pour les motifs cités plus haut, les perruches ne
tardent point à perdre cet embonpoint factice. Il

en est qui maigrissent en peu de temps d'une manière effrayante.

« Un autre mal, plus à craindre *parce qu'il est contagieux*, est la diarrhée, que les perruches gagnent à leur arrivée sur le continent, dès qu'on les change de régime. Ce mal peut envahir tout une volière et causer à l'amateur des dommages considérables...

« Un seul marchand de notre connaissance a perdu en peu de temps pour 1,800 francs de perruches, et un amateur, en 1867, a vu périr entièrement les soixante paires d'importées dont il avait fait l'acquisition. »

La mortalité des perruches exotiques, que l'auteur cité met sur le compte du voyage seul, a encore une autre cause, à mon sens.

Les oiseaux importés sont, la plupart du temps, capturés à l'état sauvage.

Or, c'est toujours chose scabreuse que la transition résultant du changement de régime et du passage de l'état de liberté absolue à l'état de séquestration complète.

C'est pourquoi ce sont les vieux sujets, ceux qui ont vécu longtemps de la vie libre, qui meurent les premiers.

Il a pourtant bien fallu, pour obtenir la perruche indigène, débuter par la perruche exotique ; mais c'est une expérience qui a coûté cher, car elle s'est faite au prix de grandes pertes de sujets ; et, à l'époque où elle a été sérieusement tentée, c'est-à-dire il y a une quinzaine d'années environ, les ondulées se vendaient à raison de 75 francs la paire.

Le principal obstacle à vaincre, à mon avis, était celui-ci : que, notre hiver correspondant à la saison d'été d'Australie, la constitution des oiseaux les portait à reproduire aux mois de décembre et de janvier, circonstance souvent fatale pour eux, presque toujours mortelle pour les jeunes qui naissaient, quand ils naissaient, paralysés des pattes.

Malgré les inconvénients signalés, qui sont sérieux, je n'entends pas dire qu'il faille proscrire d'une façon absolue la perruche importée. Dans les perrucheries d'une certaine importance, on se trouve bien d'introduire de temps en temps quelques sujets exotiques, pour renouveler le sang du troupeau.

Seulement, dans le cas où il vous plairait d'user du même procédé, il sera bon, avant d'ou-

vrir à ces sujets l'accès de la volière, de les installer à part pendant quelque temps et de leur
faire subir une sorte de quarantaine pour vous
assurer qu'ils n'ont pas quelque maladie con-
tagieuse.

Ensuite, si c'est en hiver, vous entraverez par
tous les moyens possibles : séparation des sexes,
enlèvement des nids, etc., leurs velléités de reproduction, jusqu'à la saison favorable.

Avoir énuméré les inconvénients de la perruche exotique, c'est avoir démontré les avantages de la perruche indigène.


## PERRUCHE INDIGÈNE.


Née sous notre climat, habituée dès sa sortie
de la coquille à la captivité, à la nourriture que
nous pouvons lui donner, cette dernière se
trouve dans des conditions toutes favorables
pour prospérer chez nous.

C'est à force de patience, de sacrifices, de difficultés vaincues que des amateurs fervents ont

obtenu la perruche indigène ; mais enfin elle a été obtenue et fixée.

Elle est aujourd'hui acclimatée d'une manière très satisfaisante ; elle prospère et multiplie, lorsqu'on sait lui donner les soins convenables ; nous verrons tout à l'heure dans quelle riche proportion.

### SÉLECTIONS.

Ce point éclairci, je crois utile d'ajouter qu'il y a encore du choix dans les perruches indigènes, et je ne saurais trop engager l'amateur à accorder ses préférences aux sujets de forte taille, au plumage éclatant, à reflets métalliques étincelants et comme fulgurants.

Si l'habit ne fait pas le moine, comme on dit vulgairement, l'éclat de la livrée chez les oiseaux n'en a pas moins toujours été considéré par les connaisseurs comme un indice de vigueur et de santé.

Il sera, en outre, de la plus grande importance, pour la bonne composition de votre troupeau, d'éviter la consanguinité, c'est-à-dire les unions entre parents.

Ainsi, composez vos couples de façon que les sujets soient pris mi-partie dans telle volière, mi-partie dans une volière autre.

Cette recommandation n'est pas spéciale à la perruche ; elle s'applique à tous les animaux étrangers en général.

C'est ainsi que j'ai l'habitude de procéder pour mon compte, et je m'en suis toujours bien trouvé.

Quant à vos acquisitions, j'estime qu'il sera avantageux pour vous de les faire directement chez l'éleveur, de préférence au marchand. Ce sera là votre meilleure garantie à l'endroit, ou, si vous le préférez, à l'encontre des sujets importés.

— Mais, cet éleveur, où le trouver !

— Rien de plus facile.

Différentes feuilles de spécialité : la *Chronique de la Société d'acclimatation*, l'*Acclimatation*, la *Basse-Cour*, l'*Acclimatation illustrée (belge)*, dont le prix d'abonnement est des plus minimes, se sont donné pour principale mission de supprimer les intermédiaires et de mettre en rapports directs les producteurs d'animaux et les amateurs. Vous trouverez là des noms sérieux, dont la notoriété est une garantie, et des prix doux qui sont la dernière expression du bon marché.

Je trouve à chaque instant, dans ces feuilles, la perruche ondulée offerte à 8 francs la paire, et même à 7 francs et à 6 francs en la prenant par quantités. Il est bon de faire observer, néanmoins, que pour avoir un beau couple, apte à reproduire, ni trop jeune ni trop vieux, il faut y mettre une douzaine de francs.

Ces chiffres n'ont rien d'effrayant, surtout si on les compare au prix de 75 francs, qui était le cours il y a une quinzaine d'années.

Ils sont un signe de la propagation rapide de la perruche ondulée et de son bon vouloir à se mettre à la portée de toutes les bourses.

« Achetez-moi, semble-t-elle dire; voyez comme je suis bonne fille; je ne coûte que six francs! »

En ce qui me concerne, j'ai pour habitude de préférer, dans mes acquisitions d'oiseaux, les jeunes sujets élèves de l'année aux sujets des années précédentes.

Je n'affirmerai pas que je sois dans le vrai, mais c'est devenu chez moi un principe.

— Pourquoi? Les jeunes sont moins beaux; leur livrée est terne et n'a pas le brillant qu'elle n'acquerra qu'après la mue.

— C'est vrai; mais aussi je sais, d'une façon précise, l'âge de mes recrues; mais, dans un troupeau de jeunes, il est plus facile de discerner la taille, la vigueur, les promesses pour l'avenir; les différences, à cet âge, paraissent plus tranchées; mais encore ces jeunes sont plus aptes aux changements d'installation, de régime, d'habitation, etc., etc. Vienne l'époque de la reproduction, j'aurai des types acclimatés chez moi, bien adaptés à leur nouveau milieu, habitués à ma présence, sous ma main.

Avant de terminer ce chapitre, relatif aux acquisitions, il ne sera pas sans intérêt de voir comment se capturent et s'expédient les perruches destinées à la vente.

Cela pourra nous être utile lorsque l'excès de production nous mettra dans la nécessité de nous débarrasser du surcroît de nos élèves.

Les jeunes perruchons peuvent être enlevés quelques jours après leur sortie du nid, dès qu'ils mangent seuls et sont aptes à se suffire.

Pour éviter le trouble que cette opération pourrait apporter dans la volière, on agit de ruse et l'on se sert d'une espèce de piège.

### CAPTURE DES PERRUCHES.

Ce piège consiste en un panier en osier semblable à celui avec lequel on prend les moineaux, avec cette différence que le fond et le couvercle sont parallèles. Ce dernier est percé aux deux tiers par un entonnoir en forme de nasse, dont l'extrémité tombe à six centimètres du fond. On amorce le panier avec de la verdure, et, pour plus de sûreté, l'on enlève toutes les victuailles disposées dans la volière.

Une petite branche est fixée au-dessus et à portée de l'entonnoir.

Toutes les perruches finissent, après plus ou moins d'hésitation, par se précipiter dans le piège et ne peuvent plus s'échapper : on fait le triage et l'on relâche le reste.

On trouve, au Jardin d'Acclimatation, des paniers dits *paniers-pièges à pierrots,* dont le prix,
je crois, est de 8 francs, parfaitement convenables pour la capture des perruches.

Cette capture peut se faire d'une autre manière et sans piège, le soir à la lumière.

Voici comme il faut s'y prendre.

Vous pénétrez, à nuit close, et sans bruit, dans
la perrucherie, une lampe allumée à la main, en
parlant aux oiseaux s'ils sont habitués à votre
voix. Tous sont au perchoir et immobiles. Vous
choisissez du regard les sujets que vous voulez
capturer, mais avant de les saisir vous éteignez
votre lampe. Vous les prenez alors doucement,
un à un, en leur passant la main sur le dos et
vous les introduisez au fur et à mesure dans une
petite cage d'emballage dont vous avez pris soin
de vous munir.

Dans le cas où les captifs pousseraient des cris,
il faut se retirer tout de suite en les emportant,
pour éviter que l'affaire ne dégénère en panique, ce qui serait regrettable, sauf à revenir une
demi-heure après pour compléter votre capture.

Je n'ai pas besoin d'ajouter qu'il convient
d'être sobre de ces sortes de visites et d'y appor-

ter beaucoup de tact et de prudence à l'époque où les nids sont occupés. Mais avec un peu d'habitude et lorsque les perruches sont bien familiarisées avec votre présence et vos visites nocturnes, l'opération ne présente aucun danger.

## EMBALLAGE ET TRANSPORT.

L'emballage se fait dans une petite boîte cubique de 20 centimètres de côté environ pour deux sujets, ou plus grande si le nombre d'oiseaux est plus considérable ; la boîte fermé par une porte à coulisse grillagée. Elle est munie d'un petit perchoir et d'une augette renfermant une éponge bien imbibée d'eau, de manière que les captifs puissent se désaltérer sans répandre le liquide ; une poignée de millet et d'alpiste est jetée au fond de la boîte, et si l'on veut, un bouquet de mouron blanc est suspendu le long de la partie grillagée.

Un carré de toile est attaché sur cette partie de manière à donner aux petits voyageurs une certaine sécurité relative en les dérobant aux émotions du monde extérieur et en les empêchant de voir tout ce qui serait de nature à les effrayer : chiens, volailles et autres animaux.

Ainsi installées, les perruches peuvent faire sans inconvénient des trajets de deux ou trois jours.

Pour les voyages au long cours, il est d'une bonne précaution de fermer à l'aide d'un petit carré de toile métallique l'ouverture de la cage, de manière que les menus grains dont cette cage a été approvisionnée à titre de vivres de route ne puissent se répandre durant le trajet.

La perruche est un oiseau qui ne saurait rester plus d'un jour sans nourriture ; elle mange constamment, même en voyage, et j'ai eu personnellement à regretter l'inobservation de la précaution que je recommande.

# CHAPITRE III.

Installation. — Nourriture. — Hygiène. — Soins divers.

## INSTALLATION.

L'installation est une des clefs du succès, et c'est faute de la donner appropriée que certains amateurs échouent dans l'éducation de la perruche.

L'exposition du compartiment doit être celle du levant ou au moins du midi. Une exposition au nord serait mauvaise; une exposition au vent d'ouest, pernicieuse; cette particularité n'est pas spéciale à la perruche; elle s'applique à tous les oiseaux, notamment aux faisans, aux perdrix, aux colins, ainsi que j'ai eu occasion de le mentionner dans un autre ouvrage (1).

(1) *Aviculture.* — Faisans, perdrix, colins. Initiation à l'élevage, par un éleveur. Un beau vol. 400 pages, planches explicatives, 12 dessins d'oiseaux dus au crayon de M. E. Bellecroix. 3e édition. Firmin-Didot, éditeur.

Quant au logement des oiseaux, chacun peut l'établir à sa guise ou suivant les ressources dont il dispose.

Une chambre bien aérée, pourvue de fenêtres qu'on ouvre les jours de beau temps et dont les ouvertures sont grillagées, peut, à la rigueur, être utilisée pour cet usage, et un certain nombre d'éleveurs ont réussi à faire multiplier la perruche ondulée ainsi logée, presque sans frais.

Néanmoins une pareille installation paraît, en quelque sorte, illogique, au double point de vue de l'hygiène des oiseaux, qui ne trouvent pas là leur milieu naturel, et de l'agrément qui est nul.

La vraie place de la perruche, c'est le jardin, où elle devient, au milieu de la verdure qui lui sert de cadre, une véritable attraction.

Nous l'installerons donc au jardin durant la belle saison, c'est-à-dire de mars à octobre, dans un logement aménagé de façon à lui procurer à son gré :

1° L'abri complet ;

2° Le demi-abri ;

3° L'air libre.

La perrucherie du Jardin d'Acclimatation du bois de Boulogne peut, à ce point de vue, servir de modèle.

Le palais d'été de mes perruches, établi sur un sol un peu surélevé, pour éviter l'humidité, se compose de trois parties se faisant suite l'une à l'autre.

En premier lieu, une cabane en bois, dont le toit, fait de planches et à deux pans, est revêtu de carton bitumé. Cette cabane est vitrée du côté du levant; elle communique avec la deuxième partie par de petites ouvertures ménagées au haut, suffisantes pour donner passage aux habitants ailés, et par une porte que je tiens ouverte ou fermée suivant l'état de la température.

Le deuxième compartiment, faisant suite à la cabane, est un hangar recouvert d'une toiture également à deux pans, dont l'un vitré et l'autre en planches doublées extérieurement de carton bitumé.

Ce hangar, exposé à l'est et au midi, se trouve garanti du vent d'ouest par la cabane, et du vent du nord par un châssis vitré.

Il est clos par un grillage du côté du midi.

La troisième partie, faisant suite au hangar avec lequel elle communique de plain-pied, est un tronçon de volière, ou, si vous l'aimez mieux, un espace plus ou moins considérable revêtu d'un grillage à mailles de 18 millimètres de côté, à air libre.

Une porte est ménagée à chacune des extrémités du système : l'une en bois, pour permettre l'entrée du dehors dans la cabane; l'autre en grillage, pour donner accès dans la volière à air libre.

Le sol est revêtu d'une bonne couche de gravier de rivière mélangé de menus débris de plâtras et d'écailles d'huîtres pilées.

La capacité de l'intérieur de la partie close ou de la cabane doit être (ceci est essentiel) d'autant de mètres cubes au moins qu'il y a de couples à y introduire.

Voilà pour le logement de nos perruches.

Il s'agit maintenant de les mettre dans leurs meubles. Il ne faudrait pas faire les choses à demi.

Pour l'ameublement, nous allons procéder dans le même ordre que pour la construction de la perrucherie.

D'abord la cabane :

En hauteur et sous la toiture, nous établissons deux perchoirs fixes, l'un à droite et l'autre à gauche ; puis, en croix sur ceux-ci, deux perchoirs mobiles ou balançoires.

Immédiatement au-dessous de ces perchoirs ou à la même hauteur si nous le préférons, nous disposons, en les accrochant sur le côté par des pitons le long des parois, une série de nids artificiels ou bûches creuses, en nombre double du nombre de couples de perruches à installer.

L'enchaînement des idées et la force des choses nous ayant amenés dans la partie pratique de notre étude, c'est le cas ou jamais de donner les dimensions de ces engins, avec d'autant plus de raison que ceux que l'on trouve généralement dans le commerce m'ont toujours paru défectueux.

Ceci est un point sur lequel on ne saurait être trop précis, si l'on ne veut pas s'exposer à un insuccès complet.

Je dois à l'obligeance de M. Gheude-Petit, directeur de volières à Binche (Belgique), et praticien consommé dans l'éducation de la perruche, mes premiers modèles de nids artificiels.

J'ai fait confectionner par un sabotier du cru, sur ces modèles, les engins dont je me sers, et c'est pour m'en être bien trouvé que je vous les recommande.

La bûche creuse consiste d'abord en un rondin de peuplier ou de saule, foré d'un bout à l'autre et circulairement, de manière à représenter une sorte de manchon ou de tronçon de canon en bois.

L'épaisseur de ce manchon est de deux ou trois centimètres.

L'écorce, bien entendu, doit être respectée.

A l'extrémité inférieure du rondin ainsi foré, on adapte un fond en bois, légèrement concave à l'intérieur pour empêcher les œufs de s'écarter du centre.

Enfin, la partie supérieure est fermée par un couvercle mobile percé à son milieu d'un petit trou destiné à faciliter le passage de la buée qui s'échappe parfois lorsque le nid est plein de petits en moiteur.

La bûche creuse ainsi établie doit avoir les dimensions suivantes prises à l'intérieur :

Diamètre : dix centimètres ;

Profondeur : vingt-huit centimètres.

Le trou d'entrée, percé dans l'écorce pour permettre à la perruche l'entrée et la sortie, doit avoir trois centimètres de diamètre et se trouver situé à cinq centimètres du sommet et à vingt centimètres du fond.

Un peu au-dessous et sur le côté, on plante, si l'on veut, un petit bâton pour servir de perchoir.

Dès que cette pièce essentielle du mobilier de la perruche ondulée vous est livrée, vous ne pouvez vous empêcher de vous écrier :

— Mais, ce n'est pas possible ! mais, on s'est trompé dans les dimensions ! mais, c'est un puits cela ! mais, il faudrait une échelle à l'oiseau pour descendre là-dedans !...

— Une échelle à une perruche ! Quelle hérésie ! Faut-il donc vous rappeler qu'elle appartient à l'ordre des grimpeurs ? Qu'elle y occupe un rang éminent ? Et que... noblesse oblige ?

— Mais, ce trou d'entrée de 3 centimètres de diamètre, l'oiseau aura toutes les peines du monde à passer par là !

— Ah ! qu'on voit bien que vous ne connaissez pas l'ondulée ! Mais vous ne savez donc pas que ce trou exigu fait sa sécurité ; que plus ce trou d'entrée sera juste à sa taille, plus elle et sa famille seront à l'abri des visites importunes ?

Vous la verrez bientôt passer par cette étroite ouverture, les plumes collées au corps, les ailes serrées, avec la plus grande aisance. Il y a juste la mesure, mais c'est bien ainsi qu'elle l'entend.

Si, par impossible, elle trouvait trop étroite l'entrée du berceau de sa famille, soyez sans inquiétude, son bec, qui vaut un sécateur, qui vaut deux serpettes, saurait bien l'agrandir.

Pendant que nous sommes sur ce sujet, vous ne me saurez pas mauvais gré, j'en suis sûr, de vous donner aussi les dimensions du nid-bûche pour perruche calopsitte, attendu que, calopsittes et ondulées ayant le caractère assez bien fait pour faire la plupart du temps bon ménage ensemble, l'idée vous viendra très probablement de réunir dans la perrucherie l'ondulée et la calopsitte, et même d'autres espèces de la taille de la calopsitte à peu près : la perruche de paradis, par exemple, la perruche de la Nouvelle-Zélande, etc., etc.

J'ai toutes ces perruches réunies dans le même compartiment, et je vous assure que le coup d'œil ne perd rien aux variétés de couleurs de ce bouquet vivant.

L'oreille, par exemple, c'est une autre affaire.

Donc, voici nos dimensions pour nichoir de perruche calopsitte :

Diamètre : quatorze centimètres ;

Hauteur, prise à l'intérieur, quarante centimètres ;

Trous d'entrée (il y en a deux), six centimètres de diamètre.

Pourquoi deux trous ?

C'est que, le père et la mère prenant le nid alternativement chez cette espèce, madame sort par l'un des trous pendant que monsieur entre par l'autre pour prendre sa place, et réciproquement.

Ces trous d'entrée sont percés : l'un à dix, l'autre à six centimètres du haut, et, pour mieux préciser, le premier à vingt-quatre, le second à vingt-huit centimètres du fond de la bûche.

Pièce du fond légèrement concave et fixée par des pointes ; couvercle mobile ; petit perchoir à portée des trous d'entrée comme pour le nid des ondulées.

— Est-il nécessaire de mettre de la sciure de bois au fond des réduits ?

— Gardez-vous en bien ; le premier soin de la perruche serait de rejeter cette sciure. Épargnez-lui un travail inutile.

Elle saura bien, avec son bec, égruger, de l'écorce du saule ou des bûches creuses, le peu qu'il lui faut pour tapisser le fond de son nid.

Cette besogne, elle tient absolument à la faire elle-même et comme elle l'entend.

Recommandation essentielle : avoir soin qu'il n'y ait au fond des bûches aucune fissure pouvant donner passage aux courants d'air ; s'il s'en présentait, il faudrait les boucher avec du mastic.

Nous en avons fini avec l'ameublement de la cabane. Il s'agit maintenant de meubler le hangar.

Ici c'est une plus grosse affaire, mais qui ne nous coûtera pas les yeux de la tête néanmoins.

A part des perchoirs et des balançoires, que nous pouvons disposer dans le même ordre que ceux dont il vient d'être parlé, le hangar comporte un meuble, un seul, mais considérable et auquel la perruche attache le plus grand prix.

Ce meuble... je vous le donne en cent ! c'est... un saule creux !

— Quoi ! un saule creux ?

— Oui, madame, un saule creux.

— Mais rien de plus facile; Dieu merci! les saules creux ne sont pas rares.

— Permettez; il s'agit de s'entendre.

Ce que la perruche réclame, ce qu'elle demande le bec en cœur, ce qu'elle implore à pieds joints, comme une grande faveur, c'est un saule, mais un saule aménagé comme une ruche d'abeilles, un saule percé dans son intérieur de puits de mêmes dimensions que les bûches creuses, percé sur le pourtour de son écorce de trous d'entrée donnant accès à ces puits. Ce qu'elle veut, en un mot, c'est un saule géométrique, un saule savant sous sa rude écorce, et, quant à l'extérieur, absolument semblable à tous les autres saules.

Nous aurions mauvaise grâce à ne pas satisfaire de notre mieux ce désir de perruche.

Certains éleveurs s'y prennent ainsi :

Ils font scier par le milieu, dans le sens de sa longueur, un tronc de saule; l'une des sections est rejetée; l'autre, choisie pour le nichage, si je puis m'exprimer ainsi, est évidée. La partie vide est remplie, soit par des boîtes superposées, soit par des nids artificiels, appliqués semi-circulairement à l'intérieur et communiquant avec l'extérieur par des trous d'entrée.

Chacune des boîtes s'ouvre par une porte de derrière, ou chacun des nids artificiels se décroche, de manière à faciliter la visite des couvées.

J'ai trouvé, pour mon compte, que c'était là faire les choses à demi, et j'ai adopté pour mes perruches, au lieu d'une moitié de saule, un saule tout entier.

Voici comme je m'y suis pris :

Je me suis procuré un saule sain et plein dans son intérieur.

Je l'ai fait scier en rondelles de manière à obtenir quatre sections, sans compter la tête.

De ces rondelles trois ont été forées sur tout leur pourtour de puits de dimensions variables suivant leur destination spéciale aux perruches ondulées ou aux calopsittes.

Ces puits, distants entre eux et distants du bord de deux ou trois centimètres, ressemblent assez à de grandes alvéoles.

Chacun de ces puits communique avec le dehors par des trous d'entrée de trois centimètres ou de six centimètres de diamètre, suivant la taille des oiseaux auxquels ils sont destinés.

La tête du saule sert de couvercle aux nids de l'étage supérieur ; l'étage supérieur, de couvercle au 1<sup>er</sup> étage ; le 1<sup>er</sup> étage de couvercle à l'entresol.

Quant au rez-de-chaussée, trop bas placé pour être habité par des perruches, je l'ai fait percer à sa base de deux trous en forme de fours, suffisants pour servir de nid à un couple de colins ou de perdrix étrangères.

Le rez-de-chaussée est séparé de l'entresol par une large plaque de zinc débordant circulairement de vingt centimètres, dont la destination est d'interdire aux rongeurs l'accès des étages supérieurs, et qui sert en même temps d'assiette pour l'augette à grain, l'abreuvoir, la pierre de grès sur laquelle s'aiguisent les becs, et les autres accessoires.

Les choses ainsi disposées, le saule est reconstitué, sous l'abri du hangar, tronçon par tronçon suivant sa forme primitive.

On peut faire mieux et perfectionner le système.

La perfection, à mon avis, consisterait à emprunter les ressources de l'ébénisterie et à ménager, dans l'écorce, une petite porte à charnières.

adaptée à chacun des nids pour faciliter le service de la visite.

Chaque porte s'ouvrirait à l'aide de la petite branche perchoir disposée à portée de chacun des trous d'entrée, et qui serait piquée ou vissée dans la porte même.

Ce meuble rustique, ce tronc mort d'où sortira bientôt la vie par toutes les ouvertures, donne à notre volière un cachet d'originalité tout à fait pittoresque.

Il ne nous reste plus à meubler que la troisième partie de notre volière à perruches, celle grillagée et à ciel ouvert.

Pour celle-ci, c'est bien simple :

Perchoirs et balançoires comme pour les deux autres compartiments.

Pour le reste, un jardin anglais en miniature, à savoir :

Petit carré de gazon au milieu, encadré d'une allée sablée.

- Petit bassin de deux centimètres de profondeur au milieu de ce carré.

Quatre thuyas à tige élancée plantés à chacun des angles du tapis de verdure et formant massif.

Le massif, je vous en préviens, aura fort à souffrir et devra être renouvelé tous les ans, car la
perruche adore le thuya, et son adoration, à l'endroit de cet arbuste résineux, n'est pas contem-
plative, tant s'en faut.

Nous avons vu plus haut combien elle en est
friande, et nous savons qu'elle nous le rendra
en tout petits, tout petits, menus, menus morceaux. Qu'importe, après tout, pourvu qu'elle
s'en trouve bien?

Voici pour la résidence d'été.

Quant à la résidence d'hiver, nous ferons sage-
ment d'y songer, car il y a danger à soumettre
la perruche ondulée aux vents glacés de l'hiver
et à une température inférieure à cinq ou six degrés au-dessus de zéro.

Je n'ignore pas que quelques amateurs pré-
tendent qu'on peut la laisser impunément passer
l'hiver au dehors, et son acclimatation complète serait à ce prix; mais laissons aux expéri-
mentateurs et aux jardins zoologiques le soin de
poursuivre jusqu'au bout la solution du problème.

Agissant ainsi, ils sont dans leur rôle; mais,
pour nous, simples amateurs, contentons-nous

des résultats acquis et n'exposons pas de gaieté de cœur nos petits amis emplumés.

Les numéros de l'*Acclimatation* parus l'hiver dernier m'ont donné sur ce sujet beaucoup à réfléchir.

Parcourez-les, et vous lirez sous ce titre :

*Renseignements sur les maladies des animaux.*

« Autopsie d'une perruche ondulée :

« Double congestion pulmonaire avec épanchement séreux consécutif dans les poches aériennes. Affection due très probablement à un refroidissement. »

*Signé :* « DOCTEUR JOANNÈS. »

(N° 3 de janvier 1878.)

« Autopsie d'une perruche ondulée :

« Fluxion de poitrine à gauche ; l'oiseau a probablement été exposé à des intempéries. Tout en laissant les volières communiquer librement à l'air extérieur, il faudrait, au moyen de paillassons, les protéger, surtout la nuit, contre les courants d'air. »

*Signé :* « DOCTEUR JOANNÈS. »

(N° 6 de février 1878.)

Voyez dans le même sens les autres numéros de janvier, de février et du commencement de mars.

Donc, une résidence d'hiver est indispensable.

Nous avons vu plus haut que c'est même par la résidence d'hiver que j'ai débuté, puisque je me suis procuré mes premiers sujets en octobre et en novembre.

Le compartiment dont je me suis servi se compose :

1° D'une plate-forme en planches bien jointes formant un parquet carré d'un mètre de côté ;

2° De quatre panneaux rectangulaires de 98 centimètres de large sur 1 mètre de haut. Un seul de ces panneaux est grillagé ; les trois autres sont en planches avec couvre-joints ;

3° D'une toile de 1 mètre carré servant de plafond.

La plate-forme est assujettie en face de la fenêtre, à une hauteur de 40 centimètres environ.

Une fois d'aplomb, elle reçoit les quatre panneaux qui sont vissés au moyen de boulons et assujettis de manière à former un cube, le panneau grillagé du côté de la fenêtre, qu'on ouvre aux heures où la température le permet.

Le système est relié par le haut au moyen du carré de toile fixé par des pointes.

Inutile d'ajouter qu'il est muni de perchoirs, de portes à coulisses pour le service des oiseaux, etc., etc.

Telle est mon installation d'hiver. Il n'est pas défendu d'en avoir deux ou un plus grand nombre, suivant le chiffre et les convenances de la population ailée.

On peut utiliser pour le même usage une chambre bien exposée, dont les fenêtres sont munies extérieurement d'un grillage.

Je préfère mon système, parce qu'il ne me prive d'aucun de mes appartements, et que d'un autre côté il me permet de partager l'existence de mes pensionnaires.

J'ai dit plus haut que je reviendrais sur les avantages de la cage fermée telle que je viens de la décrire, comparée aux cages d'appartement qui sont toutes en grillage.

Je viens tenir ma parole.

Mon système est plus lourd incontestablement; il manque de grâce et de coup d'œil; mais voici en quoi il répond mieux à la pratique.

En premier lieu, il donne à l'oiseau le complet abri des vents coulis. Il règne dans les appartements, en apparence les mieux clos des courants d'air résultant des jointures des portes et des fenêtres, du tirage des cheminées, des ouvertures qu'on ouvre plus ou moins souvent dans la journée.

Les effets de ces courants d'air, inappréciables pour nous, sont une épreuve pour les poumons des petits oiseaux, et la perte d'une grande quantité de ces êtres délicats n'a souvent pas d'autre cause.

D'un autre côté, dans sa boîte cubique, recevant la lumière par un seul côté, l'oiseau n'est pas exposé aux surprises, aux paniques, à l'inattendu qui le tient en sursaut chaque fois qu'une porte s'ouvre. Il est plus chez soi. Sa maison est plus à l'abri des regards indiscrets. Son intérieur est, pour ainsi dire, plus respecté. Il est mieux alors ce qu'il doit être; n'ayant plus aucune raison pour poser ou pour se contraindre, il redevient lui-même.

C'est alors que, par un trou aménagé à cet effet dans la cloison, vous pouvez le surprendre dans le déshabillé de la vie intime.

La confiance, le chez-soi, le mur de la vie privée, tout est là.

Il ne faut pas demander à une autre cause qu'à l'absence de ce mur la répugnance apportée par tant de petits oiseaux à travailler en volière.

Exemple :

Une personne de ma connaissance possède une cage modèle, toute en grillage richement ornementé, un véritable meuble de luxe.

Cette cage est habitée par un couple de moineaux mandarins ou diamants à moustache (*spermestes castanotis*).

C'est fort joli.

Lorsque, par-ci par-là, l'un des oiseaux vient à mourir, on le remplace.

De travail, de nidification, d'élevage de jeunes, point.

Eh bien!

Je viens de me procurer cette année un couple de ces mêmes moineaux mandarins ou diamants à moustaches.

Je les ai achetés à Londres.

Ils sont arrivés chez moi le 27 juin au soir.

Je les ai installés au jardin, à l'exposition du levant, dans ma cage cubique close de trois côtés, devenue libre.

Dès le lendemain matin, les mandarins se mirent au travail avec une ardeur extraordinaire, en gens connaissant le prix du temps et pour lesquels *time is money* n'est pas un vain mot. Plumes, tiges de foin, brins de laine, bouts de chanvre et de ficelle qu'on leur passait à travers les barreaux et qu'ils vous arrachaient littéralement des mains, tout cela disparaissait avec la rapidité de l'éclair pour aller s'agencer dans une touffe de genévrier disposée dans un coin du compartiment.

Deux jours et demi après, un nid était construit dans la touffe.

Le 2 juillet, on avait pondu et on couvait.

Le 11 août, quatre jeunes sortaient du nid et se posaient sur les perchoirs.

Si je cite cet exemple, en apparence étranger au sujet qui nous occupe, c'est pour faire toucher du doigt l'une des principales causes qui s'opposent à la reproduction de la plupart des petits oiseaux d'appartement en général, et de la perruche ondulée en particulier.

Nous venons de voir l'une des principales conditions demandées par la perruche ondulée pour qu'elle consente à donner des rejetons : celle du logement et de l'ameublement.

Il en est une autre non moins essentielle : celle du nombre.

L'oiseau d'Australie, on ne saurait trop le redire, est un animal de société avant tout. Il lui faut, pour qu'il se mette à travailler, le bruit, l'entrain, l'animation, l'émulation résultant de la compagnie de ses semblables.

La perrucherie devra donc contenir, au moins trois ou quatre couples.

La reproduction ne sera bien assurée qu'à

ce prix, et, d'un autre côté, le coup d'œil ne pourra qu'y gagner au point de vue de la gaieté et de la variété du spectacle.


## NOURRITURE.


La question de l'installation étant vidée, nous allons, si vous le voulez bien, passer à celle non moins importante de la nourriture, et nous occuper du menu réclamé par nos pensionnaires en habit vert.

Voici comment nous rédigerons ce menu :

*Relevé* : millet en grappes ; plantain ; épis d'avoine ou de blés verts, dans la saison.

— Pourquoi du millet en grappes? Il est moins beau que celui acheté au litre : il ne se maintient même en grappe que parce qu'il a été récolté avant maturité.

— C'est pourtant ainsi que le consommateur ailé le préfère.

— Mais enfin, pourquoi?

— Ah! Mademoiselle, ce n'est pas vous qui feriez une pareille question. N'est-ce pas qu'el-

les sont meilleures, les cerises que vous cueil-
lez à l'arbre, perchée dans les branches avec
les oiseaux?

Mais, revenons... à notre menu.

*Hors-d'œuvre.* — Hors-d'œuvre!.. pourquoi
pas des huîtres?

— Vous avez presque deviné. Comme hors-
d'œuvre nous donnerons des écailles d'huîtres
pilées, qui sont un excellent apéritif et qui contiennent un calcaire très apprécié par la gent
emplumée en général.

La perruche honore ce condiment d'une attention toute particulière.

Ne pas oublier de renouveler souvent la pro-
vision.

*Entrées.* — Mélange de millet rond et d'alpiste ou millet plat à la proportion de trois
quarts millet rond et d'un quart alpiste. C'est
la proportion observée dans la plupart des perrucheries.

*Rôti.* — Un morceau de pain rassis légèrement trempé dans du lait bouilli. Une poignée
d'avoine.

— Voilà, vous me direz un singulier rôti!

— C'est vrai, mais que voulez-vous? c'est

celui qu'elle préfère. Le devoir du maître d'hôtel n'est-il pas de faire au goût du consommateur?

*Salade.* — Chicorée sauvage.

(*Nota.*) Pas d'assaisonnement; la perruche la mange au naturel.

*Dessert.* — Bouquet varié suspendu au haut du grillage et tombant en cascades : mouron blanc, seneçon, laceron, bourse à pasteur (*thlaspi bursa pastoris*); laîche (*carex*), graminées diverses, folle avoine, etc.

Ce dessert sera fourragé avec ardeur par les convives qui s'y suspendent pleins de convoitise, dans toutes les attitudes du trapèze.

Quant aux vins, de l'eau claire renouvelée au moins une fois par jour. Ni madère, ni château-Pernaud, ni chambertin, ni même le champagne Pommery, ce nectar exquis que vous savez, dont le prince de Galles, un prince avisé, eut le bon esprit d'emporter avec lui six cents paniers lors de son dernier voyage aux Indes.

Mais laissons là la question du vin de Champagne, une question dans laquelle il ne faut pas s'embarquer sans biscuits, et revenons à nos moutons.

Point de sucreries, point de viandes crues ou cuites; point de fruits. Groseilles, framboises, poires, pommes, etc., elles m'ont toujours paru faire fi de toutes ces choses.

Surtout point de persil. La perruche est un perroquet : ne l'oublions pas.

Quelquefois un pied de laitue, mais avec précaution et à intervalles, à titre de purgatif.

HYGIÈNE. — SOINS DIVERS.

La perruche aime le bain, mais elle le prend à sa manière, ainsi que nous l'avons vu, non dans un petit bassin comme la plupart des autres oiseaux, mais en s'imprégnant de l'eau de la pluie.

Mais, dans la belle saison, il est des jours où il ne pleut pas; ces jours-là même n'y sont pas rares.

Ce sera donc à nous à produire artificiellement ce bain de pluie.

Je m'y prends ici en grimpant à l'aide d'une échelle double au-dessus de la volière, un ar-

rosoir plein à la main. Cet arrosoir est muni
de sa pomme et je dispense la rosée d'en haut.
Les thuyas en profitent; les bestioles également,
ment, qui viennent papillonner sous la pluie
factice et ensuite dans les branches des arbustes imprégnées d'eau.

Un tuyau de concession percé de petits trous,
disposé au centre du petit bassin de la pelouse
et donnant une gerbe de minces filets d'eau
retombant en pluie, répondrait encore mieux
à cette partie des soins à donner.

Mais, si elle aime le bain, la perruche ap-
préhende la trop grande chaleur.

Aux heures donc où le soleil se montre trop
ardent, il ne faut pas oublier de recouvrir les
grillages et les châssis vitrés exposés aux rayons,
au moyen d'une toile ou d'un paillasson.

Cette manière de dispenser la pluie et le
beau temps ne présente, comme vous le voyez,
aucune difficulté d'exécution.

Il est encore un autre soin dont nous avons
à nous préoccuper : celui de garantir nos petits amis des atteintes de la vermine.

Le séjour prolongé au nid, les petites mal-
propretés qui s'y amassent au bout d'un cer-

tain temps, ont souvent pour effet d'attirer les insectes parasites, l'une des plus grandes pestes de la gent volatile.

Aussi sera-t-il d'une excellente précaution de saupoudrer d'une main libérale, à l'aide de l'insufflateur, de bonne poudre de pyrèthre bien sèche et non éventée, les couvre-joints de nos constructions d'hiver et d'été, le sol et les parois intérieures de la cabane, et surtout l'intérieur des nids artificiels.

Je sais bien que cette poudre finira par se volatiliser en grande partie, mais il en restera toujours une certaine quantité, et ce peu suffira à éloigner les insectes.

Donc, semons, semons la poudre insecticide, il en est de cela comme de la calomnie :

« Il en reste toujours quelque chose. »

# CHAPITRE IV.

**Reproduction. — La culture intensive
de la perruche ondulée.**

## REPRODUCTION.

Nous avons disposé tout ce qu'il faut pour
que nos oiseaux se trouvent dans de bonnes conditions; nous avons préparé de notre mieux le
succès.

Il nous reste à voir comment nos perruches,
une fois lâchées dans leur palais d'été, vont
se comporter.

Suivant la température du pays que vous
habitez, les abris dont vous disposez, la chaleur que vous êtes à même de procurer artificiellement, vous pouvez inaugurer votre installation dès le mois de mars; mais, dans la
zone des environs de Paris, il est plus prudent
d'attendre la seconde moitié d'avril.

Il faut avoir grand soin de n'installer ensemble qu'un égal nombre de sujets de chaque sexe.

Trop de mâles engendrerait des batailles sanglantes; trop de femelles, des troubles de ménage : des œufs cassés, des jeunes molestés, des nids abandonnés, etc., etc.

Il est indispensable à la régularité de la vie de famille, à la nidification, à la bonne harmonie de la colonie emplumée, que tout le monde soit assorti.

Aussi il est d'usage, dans les perrucheries bien tenues, d'entretenir à part un certain nombre de sujets surnuméraires, dont la destination spéciale est de remplacer, selon les besoins, qui un mari, qui une épouse, lorsqu'un accident vient éclaircir les rangs des oiseaux installés pour la reproduction.

Mais je conçois que pour nous, simples amateurs, entretenir un troupeau de réserve serait un assujettissement assez ennuyeux.

Que faire alors? Rester en relation avec les éleveurs qui vous ont vendu vos couples, de manière, en cas d'accidents, à obtenir à bref délai le sujet qui vous manque.

C'est là la marche que j'ai suivie.

Ce point éclairci, je vous demanderai la permission d'aller chercher dans ma chambre, où nous les avons laissés, pour les remettre en scène sur un plus vaste théâtre, les personnages avec lesquels nous avons déjà lié connaissance, à savoir : cinq couples de perruches ondulées; un couple de calopsittes; une paire de chanteurs du Sénégal et une paire de colins.

Le 12 avril au matin, par un beau temps, tous ces gens-là furent capturés au moyen d'une cage amorcée de verdure, mise en communication, par une trappe levée, avec la boîte cubique qui leur avait servi de résidence d'hiver.

Le seul côté grillagé, par où cette boîte cubique recevait le jour, fut fermé par une couverture épaisse, de manière à produire l'obscurité dans le compartiment.

De sorte que, le jour ne venant plus que du côté de la cage, les oiseaux ne tardèrent pas à pénétrer dans cette dernière, sauf quelques retardataires qui furent pris après coup.

Cela fait, la cage, qui était pleine, fut transportée dans la partie close du palais d'été.

La porte de leur prison fut maintenue ouverte, et, un à un, successivement, les transportés s'en furent gagner les perchoirs.

Il y a, dans ces lâchements d'oiseaux en demi-liberté, un moment bien intéressant pour l'observateur.

Ce sont les timidités, les hésitations de ces petits êtres qui semblent se dire : Comment! c'est pour nous tout cet espace? Pour nous tout ce soleil? Toute cette verdure? Tout ce bien-être! Non : ce n'est pas possible; cela doit cacher quelque piège.

Peu à peu, cependant... « la faim, l'occasion, l'herbe tendre... »

Les plus hardis donnèrent le signal, s'élancèrent les premiers par les ouvertures ménagées au haut de la cabane et s'en furent tout droit dans la partie à air libre. Les autres suivirent, et... une demi-heure après, vous ne les eussiez pas reconnus.

C'était un bruit, c'était une fête, c'étaient des cris de joie; des vols de perchoir en perchoir, de thuya en thuya, de balançoire en balançoire.

— Jouait-on aux quatre coins?

— Je sais trop. Je serais plutôt porté à croire qu'on avait organisé des quadrilles.

Les quadrilles, la danse! Que de mariages ont débuté par là!

Aussi, dès le lendemain (13 avril), je surprenais plus d'une demande en règle.

Voici comme la chose se passe chez la perruche ondulée.

Si vous le permettez nous allons observer ensemble.

Voyez ce petit monsieur sur le perchoir de droite. Il s'approche lentement d'une jeune perruchonne qu'il a distinguée.

La nuque hérissée, l'attitude inclinée et respectueuse, il lui débite, en sa langue, force compliments sans doute, accompagnés de saluts répétés et d'une mimique des plus engageantes.

Elle, instinctivement, recule, et, confuse, s'enfuit sur le perchoir de gauche.

Lui, la suit sur le perchoir de gauche et persiste à lui faire sa cour.

Elle, troublée de plus en plus, recule de trois pas sur le perchoir.

Autant il fait de pas en avant, autant elle en fait en arrière...

Ah! il doit battre bien fort, son petit cœur de perruche!

Elle ne le connaît pas encore beaucoup, ce petit monsieur qui lui raconte tant de jolies choses. Il est vrai qu'il n'est pas mal tourné sous son habit vert, qu'il débite assez gentiment ce qu'il dit et qu'il ferait peut-être un compagnon agréable...

Mais encore?...

Cet amour qu'il lui jure est-il sincère? Doit-elle écouter ce beau parleur à la langue dorée, vêtu à la dernière mode?...

Lui, cependant, qui a compris cet embarras, ces pudeurs, risque une demande en règle.

Redoublant d'éloquence, il exécute une série de mouvements de tête affirmatifs, autant de serments peut-être, et enfin, à la suite de deux ou trois haut-le-corps, ramène dans son bec une partie de la nourriture qui se trouvait dans son jabot, et offre à sa bien-aimée de partager ses réserves.

C'est une façon à lui, sans doute, de lui faire comprendre qu'il sera bon époux, bon père, et qu'il saura mettre à contribution son estomac, et s'ôter, comme on dit vulgairement, le pain de la bouche pour nourrir sa femme et ses enfants.

Cette dernière épreuve est souveraine et manque rarement son effet.

Il est évident que le petit monsieur se présente avec des intentions honnêtes, et, suivant une expression consacrée au village, *pour le bon motif.*

Persuadée, elle se rend et présente timidement son bec en croix au bec de son prétendant, ce qui est, chez la perruche ondulée, la manière d'accorder sa main.

Cela fait, la glace est rompue : l'intimité est établie.

On se caresse, on s'embecque, on se gratte les plumes de la nuque, on s'appuie la tête sur le cou l'un de l'autre, on se lutine, on se poursuit avec force cris de perchoir en perchoir... on s'aime !

Ici, nous sommes en plein premier quartier de la lune de miel.

Cela dure huit jours.

— Quoi ! huit jours seulement ?

— Entendons-nous ; je parle du premier quartier. La lune de miel, elle, durera toujours ; seulement elle changera de phases.

Au bout d'une huitaine, vous faites les réflexions suivantes :

— Tiens ! c'est singulier. Plus de chansons,
plus de jeux, plus de joie. Comme tout est calme !
On croirait que la population est décimée : aux
perchoirs, presque plus personne, et encore.....
*tous des mâles.*

Tous des mâles ! vous avez touché juste.
Vous avez mis le doigt sur la clef de la situation.

Ces dames, vous n'êtes pas sans vous en dou-
ter un peu, sont toutes aux nids : qui dans le
saule creux sous le hangar, qui dans les bûches
sous l'abri, suivant l'inspiration.

Du moment où l'on est aux nids, c'est que
tout va bien.

Un premier œuf a été pondu ou va l'être in-
cessamment.

Dès que ce premier œuf est pondu, Madame se
met à le couver sans désemparer.

Après-demain, ou dans trois jours au plus
tard, un deuxième œuf suivra, puis un troisième et ainsi de suite jusqu'à cinq, six, et même
quelquefois jusqu'à huit.

A dater du jour où elle a pris le nid, Madame
ne sort plus qu'à de très rares intervalles, pour

prendre quelque exercice et se détirer les ailes.

C'est son mari qui prend soin de ses repas.

Dès qu'elle a faim ou qu'elle désire sa présence, elle passe sa tête par l'entrée du nid artificiel, sa lucarne, et pousse de petits cris d'appel. Lui, d'un vol, vient se poser sur le petit perchoir, ou, faute de perchoir, vient s'accrocher après l'écorce de la bûche creuse, et il s'établit entre les deux époux un échange de prévenances et de bons procédés, une de ces scènes de la vie intime qu'on ne se lasse jamais de contempler.

A plusieurs reprises, Monsieur embecque sa compagne et lui verse la nourriture dont elle a besoin. Le repas terminé, on gazouille en tête-à-tête, elle à la fenêtre, lui au dehors. On se raconte probablement comment a passé le temps de l'absence ; on se fait part de ses espérances sur l'avenir de la famille en herbe ; on bâtit à deux châteaux en Espagne. Lui, ravi, les plumes de la nuque hérissées de plaisir, tend sa tête : elle lui gratte l'occiput avec son bec et lui lisse les plumes, une manière qu'ils ont de se passer les doigts dans les cheveux.

Instants trop courts ! Il faut se quitter. Les œufs

vont refroidir. Le devoir nous réclame. On s'embecque une dernière fois et l'on se quitte. A bientôt!

Madame disparaît par la lucarne.

Quant à Monsieur, comment va-t-il employer le temps de l'absence?

— Ira-t-il à son cercle?

— Non; mais il se rend à son poteau.

— A son poteau?

— Je m'explique : le mâle de la perruche ondulée, lorsqu'il n'a plus rien à faire, que son estomac est lesté, que ses provisions sont complétées, n'a rien de plus pressé que d'aller se percher en face et à portée d'un des piliers de la volière, et alors, suivant une habitude bizarre, particulière à cette espèce, s'adressant directement à ce pilier ou à ce poteau, il lui raconte dans un langage animé, accentué de force mouvements de tête affirmatifs et d'une mimique impayable, il lui raconte, dis-je, toutes sortes de choses que je voudrais pouvoir vous traduire.

Malheureusement, je n'ai pas eu jusqu'ici le loisir d'étudier l'idiome de la perruche ondulée. Ah! l'on est bien embarrassé parfois dans la vie, faute de connaître les langues étrangères.

Quel feu dans sa conversation avec le poteau ! De temps en temps, si ce dernier lui paraît trop distrait ou trop indifférent, l'oiseau lui distribue des séries de coup de bec comme pour réveiller son attention.

Nous devons présumer qu'il lui fait ses confidences les plus intimes. C'est une manière à lui de tromper le temps de l'absence, en attendant l'appel de sa compagne.

Oh ! raconte, raconte, petit oiseau ; soulage ton cœur. Voilà certes un confident qui ne trahira pas tes secrets.

Avons-nous bien le droit de trouver étrange la conduite de cette gentille bestiole, alors que nous-mêmes (les raisonnables, s'entend), ne craignons pas de confier à un tronc d'arbre les initiales de la personne aimée ?

D'autres fois, les maris des couveuses se réunissent, causent entre eux des nouvelles du jour, des bruits de la Bourse, des cours du millet et de l'alpiste ; sans doute, où dorment au perchoir la tête sous l'aile.

Il m'est arrivé plus d'une fois de les surprendre, vers le soir, circonvenant le mâle calopsitte et jouant avec lui à la main chaude.

Vous croyez, peut-être, que je plaisante? Je tiens à vous prouver que ce que j'avance est l'exacte vérité. Vous allez au surplus en juger dans un instant. Préalablement, je vous demanderai de vouloir bien m'autoriser à ouvrir un bout de parenthèse. J'en ai besoin tant pour ma démonstration que pour compléter les renseignements déjà contenus dans notre étude.

Du moment où nous avons réuni une couple de perruches calopsittes à notre troupeau d'ondulées, il n'est que juste d'établir des points de comparaison et de voir comment ces gens-là se comportent réciproquement entre eux à l'état de demi-liberté.

J'ai ouï dire que cette communauté avait ses dangers; que les calopsittes étaient susceptibles de molester les jeunes ondulées au sortir du nid, de leur couper les pattes, en un mot de leur faire de fort mauvaises plaisanteries.

Eh bien! pour ma part, je n'ai observé ici rien de semblable, et ceux des spécialistes avec lesquels je me suis trouvé en relations m'ont tous certifié que la réunion des deux variétés n'engendre aucun inconvénient, au moins de la part des calopsittes.

Je ne suis pas absolu, néanmoins, et j'admets que, parmi les divers animaux dont nous avons fait nos camarades, chacun a son caractère propre et individuel, et qu'il n'est pas impossible qu'il se rencontre, par-ci par-là, dans la corporation des perruches calopsittes, quelque membre indigne, comme il s'en rencontre parfois chez les faisans dorés, chez les chiens havanais, chez les moineaux mandarins, chez les chats angoras blancs, etc., etc., comme il s'en rencontre, en un mot, dans toutes les autres classes de la société.

Mais c'est là une exception qui ne m'empêche pas de déclarer que la perruche calopsitte est un des oiseaux les plus bénins que j'aie jamais fréquentés.

Cela dit, je poursuis.

La manière de nicher de la perruche calopsitte est à peu près la même que celle de la perruche ondulée, à cela près que le mâle calopsitte ne nourrit pas sa femelle. Il la remplace seulement au nid pendant qu'elle va chercher elle-même sa nourriture. Tous deux partagent alternativement le travail de l'incubation, sauf la nuit. La nuit, c'est invariablement la femelle qui reste au nid, et, vers le soir, le mâle se rend au perchoir et s'y installe, souvent près d'une encoignure, pour y passer la nuit.

— Très joli, tout cela ; mais... et notre main chaude ?

— Nous y voici.

Je continue.

C'est alors qu'il a fort à faire et se trouve en butte aux lutineries des mâles ondulés.

Ces derniers viennent se poster autour de lui, à bonne portée.

La huppe de mons Calopsitte, qu'ils jalousent peut-être, eux qui n'en ont pas, est bientôt le point de mire de ces espiègles.

L'un d'eux se risque, allonge le bec, et tâche de ravir un morceau de cette huppe. Calopsitte se retourne, se fend vivement, et gare à l'imprudent qui a mal calculé son affaire. Une becquée de plumes vertes, — un gage, — lui est enlevée.

Oui, mais alors, Calopsitte n'étant plus paré du côté opposé, un bout de sa huppe lui est tiré par un autre des joueurs, — un gage à son passif.

N'est-ce pas là, par à peu près, le jeu de la main chaude, autant du moins que peuvent s'y livrer des êtres dépourvus de mains ?

L'intérêt qui résulte pour nous du spectacle de ces divers épisodes ne nous fera pas perdre de vue des soins plus sérieux et non moins attachants.

Outre qu'un sentiment de vive curiosité nous porte à vouloir examiner ce qui se passe dans les nids, la surveillance de la santé des pauvres recluses, dont toutes les forces vives sont mises à l'épreuve par le travail simultané de la ponte et de l'incubation, vient réclamer notre sollicitude.

Dans les grandes perrucheries, il est d'usage de procéder à une inspection générale des réduits au moins une fois tous les huit jours, et même, lors de la première portée, tous les trois ou quatre jours.

Faisons mieux, nous qui avons des loisirs, et inspectons au moins tous les trois jours.

Chez moi, il n'est pas rare que les bûches creuses soient décrochées et le saule découvert plusieurs fois dans la même journée, pour satisfaire la curiosité des amateurs qui viennent me voir.

Cette visite ne présente aucun inconvénient. Ne craignez pas que la mère abandonne son nid comme le font beaucoup d'autres oiseaux lorsque leur secret est violé.

Point. Votre perruche est une bête civilisée. D'ailleurs, elle vous connaît et s'est familiarisée avec vous. Elle n'abandonnera pas sa couvée. Voyez, elle se balance sur ses œufs comme pour les défendre. Quelquefois elle pousse de petits cris d'alarme ; mais, dans ce balancement, elle vous laisse apercevoir ses trésors. Si parfois elle s'envole, c'est pour revenir dès que nous serons partis.

La perruche calopsitte, elle, accueille votre inspection d'une sorte de sifflement de menace ; quelquefois vous surprenez le père et la mère ensemble au fond du réduit ; c'est que l'un d'eux, au moment où l'autre est venu le relever, n'a pas encore voulu quitter la place. Il est prudent, d'ailleurs, de s'abstenir de ces visites chez les perruches autres que l'ondulée.

L'examen, le comptage des sujets, l'œil du maître, tout cela a son côté utile et nous permet de secourir en temps opportun les sujets trop éprouvés.

Dès que nous voyons une mère perruche triste, la plume hérissée, sans force, essayant de voletèr sans parvenir à se percher, ou réfugiée dans un coin, nous pouvons être à peu près certain que le mal qui la tient, c'est la difficulté de pondre.

Les refroidissements subis de température sont fort souvent la cause de cet accident.

Les deux tiers du temps, lorsqu'il se produit, la perruche sort du nid, le matin principalement, entre neuf heures et midi. Avec un peu d'attention, nous sommes avertis.

Mais il arrivera en moyenne une fois sur trois que la bête souffrante restera au fond de son réduit, et elle périrait sans secours sur ses œufs si nous n'avions pas l'habitude de multiplier nos visites.

La médication à employer en pareil cas est bien simple.

Vous prenez l'oiseau, et vous sentez avec le doigt ou vous apercevez en soufflant pour écarter la plume, l'œuf qui a subi un temps d'arrêt et ne peut être expulsé.

Dès que vous êtes fixé sur la nature du mal, vous imbibez d'une goutte d'huile d'amandes douces ou même d'huile d'olives, à l'aide d'une petite fiche en papier, la partie souffrante. Vous mettez chauffer une bouilloire d'eau. Dès que l'eau est en ébullition, vous exposez cette partie souffrante un instant à l'action de la vapeur, la tête de l'oiseau maintenue en l'air. Vous avez soin de remonter la patiente au fur et à mesure que vous sentez, par l'impression éprouvée par votre main, que la vapeur devient trop vive.

Cela dure trois ou quatre minutes ; après quoi vous laissez reposer la malade dans une petite cage d'emballage, comme celle que j'ai décrite à la fin du chapitre II, avec un peu de nourriture.

Cette cage est installée au chaud, et vous laissez le sujet tranquille.

Quelques heures après, vous retrouverez votre perruche tout à fait remise et gaillarde.

Regardez au fond de la cage, vous y trouverez l'œuf, objet de vos inquiétudes.

Dès lors nous remettons dans la volière l'oiseau parfaitement rétabli, et les choses reprennent leur cours ordinaire.

Quelquefois, mais bien plus rarement, c'est le mâle qui est atteint. La plupart du temps il succombe.

C'est ainsi que je trouvai un jour l'un de mes mâles couché dans l'éternel sommeil, au fond de

la bûche creuse, à côté de sa compagne qui continuait à couver.

Spectacle navrant, ce père qui, se sentant mourir, était venu donner aux siens son dernier regard avant de quitter ce monde!

Ah! c'est que l'estomac de ces messieurs est soumis à une rude épreuve. Songez donc! Il faut que cet estomac travaille pour la femme et les enfants, c'est-à-dire pour deux, trois, quelquefois sept ou huit personnes. Rude est la besogne qu'il faut fournir toute mâchée.

Un peu de thé sucré et tiède, en cas d'indisposition, est le seul remède qui puisse apporter quelque soulagement.

— Mais, me direz-vous, en cas de malheur que deviennent les œufs en incubation? Que deviennent les jeunes?

C'est à vous, cher amateur, d'intervenir et de corriger la rigueur du sort. Vous prenez ces œufs et ces jeunes, et vous les répartissez avec ceux de même date à peu près ou de même échantillon qui se trouvent dans les autres réduits.

Nous savons déjà que l'ondulée a bon cœur; elle adoptera sans difficultés ce surcroît de famille.

La durée de l'incubation des œufs de la perruche est de seize à dix-sept jours; celle de l'incubation de la perruche calopsitte, de vingt jours environ.

Le petit perruchon ondulé naît tout rouge, nu comme un ver, et n'a pour tout vêtement que le corps et l'aile de sa mère.

Le perruchon calopsitte, lui, naît couvert de duvet et déjà revêtu des premiers rudiments de la huppe caractéristique, absolument comme Minerve qui sortit tout armée du cerveau de Jupiter, ou, si vous le préférez, comme le sergent La Ramée qui vint au monde avec son sabre et sa giberne.

Les éclosions se succèdent à intervalles de deux, trois et même quatre jours, suivant la date à laquelle les œufs ont été successivement pondus.

La multiplicité des cris, sorte de vagissements, qui s'échappent des réduits, vous annonce que les naissances prennent une tournure favorable. C'est alors que Monsieur a fort à faire. Il va, vient, mange en hâte, pénètre au fond des nids et sustente sa famille.

Il arrive que, lors des dernières éclosions, les premiers-nés sont déjà grands garçons et viennent en aide à leurs parents.

A ce moment, la mère commence à prendre répit et sort de temps en temps pour se détirer et prendre un exercice rendu nécessaire par sa séquestration prolongée.

Elle choisit pour cela l'instant où les bébés sont endormis, entassés en grappe les uns sur les autres, couverts par les aînés que protège un plumage naissant.

Il n'est même pas rare de la voir commencer une nouvelle famille avant que l'éducation de la première nichée soit complète.

Elle va pondre dans une autre bûche. C'est pourquoi je vous ai donné le conseil d'installer vos nids artificiels en nombre double de celui de vos couples de perruches.

C'est alors que la besogne du père se complique.

Il se charge d'achever l'éducation des jeunes de la première portée, tout en ayant soin de pourvoir aux besoins du nouveau nid commencé.

A certaines heures de la journée, surtout le soir, de petits cris multipliés qui partent de l'intérieur du saule et des bûches creuses vous avertissent que la vie surabonde dans ces troncs morts.

Les allées et venues de vos petits amis, leurs allures affairées, les mille et une particularités de leur vie privée que vous saisissez sur le vif viennent à chaque instant varier le spectacle qui vous est offert et réjouir votre cœur d'amateur. Vous ne pouvez vous rassasier de regarder. Vous ne pouvez détacher vos yeux du petit jardin anglais que vous avez créé dans la volière. Ah! c'est que l'oiseau, la perruche surtout, cela fait si bien dans le paysage!

Un mois après sa naissance, le jeune perruchon, qui a revêtu tout son plumage, commence à montrer sa tête par le trou ménagé dans le saule ou dans la bûche creuse.

Ses parents se tiennent à sa portée et l'encouragent.

Il a faim et il demande; mais, au lieu de le sustenter comme d'habitude, on lui promet la nourriture; on la lui montre au bout du bec; on la lui offre en reculant pour le faire avancer; on lui tient, en un mot, la dragée haute.

Il voudrait bien sortir, le gamin, mais il n'ose pas.

Il penche la tête au dehors; puis, ébloui par l'inconnu, par l'espace, il recule.

Il regarde en bas, et il est pris de vertige ; il regarde en haut, et le vertige augmente : c'est si profond, en haut !

Il voudrait bien, lui aussi, voler comme ses parents, jouir de toutes les belles choses qu'il entrevoit, se baigner dans les rayons du soleil, boire la rosée, se gratter sur les perchoirs, s'attabler au plat de millet, se suspendre à la grappe de mouron.

Ah ! oui, il le voudrait bien... mais... il n'ose pas.

Il avance la moitié du corps ; il va partir... Non ! il rentre en toute hâte. L'inconnu l'attire et l'effraye tout à la fois. Il désire et il a peur.

Ses parents, qui comprennent son embarras, lui viennent en aide.

Pendant que sa mère l'attire au dehors par l'offre d'une friandise présentée à distance, le père, qui a pénétré dans l'intérieur du réduit, le prend en sous-œuvre, et pousse au... à la roue pour le faire avancer.

Peine inutile ! L'enfant se cramponne et refuse de sortir. Ce ne sera pas encore pour cette fois.

Ce charmant manège dure quelquefois deux ou trois jours, durant lesquels votre tronc de saule vous vaudra autant de récréation qu'un bon vaudeville.

Tout à coup, au moment où vous commenciez à désespérer, l'oisillon, qui a fini par se familiariser avec le monde extérieur, avec l'espace sans limites, l'oisillon prend sa volée, et, moitié effrayé, moitié content, vient se poser au perchoir.

Arrivé là, il s'arrête pour se remettre un peu.

Il est ému, je vous assure, le cher petit!

Papa et maman accourent à son aide, se perchent à ses côtés, lui parlent, l'encouragent, lui font risette, et l'allaitent à tour de rôle.

Cela fait on épluche Bébé ; on lui lisse la queue et les plumes des ailes, que les ordures du nid ont pu tacher ou coller ensemble, de façon que l'enfant soit propre, qu'il soit pourvu de tous ses moyens et ait le libre jeu de son outillage aérien.

Lui, se regarde, se trouve beau, fier comme le bambin qui vient d'étrenner sa première culotte.

Il s'épluche, se détire, allonge une patte, puis une aile.

Ah! c'est qu'on n'avait pas ses coudées franches, au fond d'un puits obscur, entassés à cinq ou six dans un trou de 10 centimètres de large.

Il bâille en vous regardant. Son air, moitié hébété, moitié effronté, semble vous dire : « Eh bien! quoi?

« Croyez-vous que l'on soit à l'aise en une armoire? »

Aussi, une fois sorti de sa bûche creuse, il n'y rentre plus volontiers. C'est fini, ce n'est pas près qu'on l'y reprenne, à moins pourtant que le temps ne se mette au froid.

Il a goûté à la vie libre, et il s'en paye.

Dans le cas où, au bout de deux ou trois jours d'apparition à la fenêtre, les hésitations du jeune perruchòn menaceraient de s'éterniser, vous pouvez le prendre au nid et le porter d'office au perchoir.

Cela ne présente aucun inconvénient. Il est âgé de plus d'un mois, il est mûr pour la sortie, et votre aide ne peut que rendre un véritable service à lui et à ses parents.

Deux ou trois jours après son émancipation, le petit perruchon ondulé, qui est vêtu en tout comme ses père et mère, si ce n'est que le vert de sa livrée est plus terne et qu'il n'a pas de plumes jaunes au-dessus du bec, le petit perruchon ondulé, dis-je, mange seul, se suffit à lui-même et n'a plus besoin d'aide.

Le jeune calopsitte, lui, est encore à la charge de ses père et mère pendant quinze ou vingt jours.

Il n'y a pas d'inconvénients à laisser les jeunes indéfiniment dans la volière pêle-mêle avec les adultes.

Lorsqu'on veut les en retirer, il est prudent de ne le faire que huit ou dix jours après sevrage complet, parce que, durant cet intervalle, un sujet plus ou moins faible, plus ou moins fini, peut encore avoir besoin, par-ci par-là, d'un supplément d'allaitement de ses parents.

Nous venons de voir avec quelle ardeur la perruche ondulée, véritable mère Gigogne, se livre à la propagation de la famille.

C'est à nous de mettre un frein à tant de bon vouloir; sans quoi, cet oiseau, qui semble être toujours jeune, se mettrait à reproduire même durant les mois d'hiver, avec d'autant plus de propension que, notre hiver coïncidant avec la belle saison de son pays d'origine, sa constitution l'y porte, pour ainsi dire, par une pente naturelle.

C'est ce qu'il faut éviter, car, à ce compte, elle serait bientôt épuisée.

Nous aurons donc soin de contrarier et d'entraver ces velléités de reproduction intempestives.

À cet effet, les mâles seront séparés d'avec leurs épouses vers l'époque du 15 septembre au 15 octobre environ, suivant que les jeunes de la dernière portée auront assez de force pour être émancipés.

En second lieu, les réduits ou nids artificiels seront supprimés.

Moyennant ces précautions, et la température aidant, vos petits amis seront bien obligés d'ajourner à des temps meilleurs les bonnes intentions dont ils sont animés.

Cette étude serait incomplète, et mentirait quelque peu à son titre d'étude pratique, si elle ne contenait quelques documents comme statistique.

Il n'est pas sans intérêt, en effet, avant de s'engager dans l'éducation de la perruche ondulée, de connaître approximativement à l'avance les résultats qu'il est possible d'en attendre.

— Eh quoi! supposeriez-vous qu'on veuille s'en faire trois mille francs de rente, comme avec les lapins?

— Permettez. Je suis aux antipodes d'une pareille supposition.

La perruche ondulée est une chose de luxe, et non un comestible : il n'y a donc pas de comparaison à établir entre son éducation et celle du lapin. Mais enfin, vous avez des amis ou des amies, ou plutôt les uns et les autres. Il ne vous est pas défendu de calculer combien, à l'aide de vos produits, vous pourrez faire d'heureux; combien vous pourrez disséminer de ces petits cadeaux qui passent à bon droit pour entretenir l'amitié.

A ce point de vue, la perruche est une valeur; la perruche est un capital à inscrire au livre d'or de vos petites libéralités.

Ceci compris, et pour vous faire une idée approximative du rendement de la perruche ondulée, achetée à bonne source et installée dans des conditions favorables, je vais prendre la liberté de vous soumettre le résultat de ma première année d'élevage.

Je serai bref.

Voici ce que me donne mon carnet de notes :

Acheté à Lille 2 couples, à Binche (Belgique) 3 couples : total 5.

Perdu un couple à la première ponte.

Obtenu des quatre couples restants : première portée, 13 jeunes ; deuxième portée, 21 ; troisième portée, 18.

Cinquante-deux élèves pour cinq couples achetés. C'etait un placement à plus de cinq cents pour cent.

C'est déjà quelque chose, surtout pour un début.

Mais on peut faire mieux et, depuis j'ai fait beaucoup mieux.


## LA CULTURE INTENSIVE DE LA PERRUCHE ONDULÉE.


Dans les établissements de spécialité, dans les perrucheries tenues sur une grande échelle, on sait utiliser d'une façon plus lucrative le bon vouloir de la perruche, dont la complaisance est sans bornes.

On y met en pratique ce que nous pourrions appeler la culture intensive de la perruche ondulée.

Voici comme on procède.

La ponte étant terminée, je suppose, on répartit dans différents nids les pontes faibles de un, deux ou trois œufs, ou celles qui se trouvent réduites à ces chiffres par l'élimination des œufs inféconds. Ces derniers se reconnaissent à leur teinte pâle, tandis que les autres, au bout de quelques jours d'incubation, sont opaques et comme noirs à l'intérieur.

Le couple dont la ponte est enlevée redevient disponible et se met à nicher à nouveau au bout de quelques jours.

D'autres fois, ce sont les jeunes sujets qu'on enlève, lorsqu'ils sont peu nombreux, pour les répartir, suivant leur échantillon, dans d'autres nids où se trouvent des petits à peu près du même âge.

La mère des premiers, alors, se trouvant libre, ne tarde pas à s'occuper de la création d'une nouvelle famille.

Cette façon de maintenir au complet l'effectif de chaque réduit donne, dans les bonnes années, des résultats étonnants.

Nous avons, cher lecteur, terminé cette étude, entreprise ensemble avec le désir de bien faire et d'arriver à la vraie pratique.

Je ne saurais vous quitter sans vous remercier vivement d'avoir consenti à faire avec moi cette excursion dans la vie privée d'un petit oiseau australien.

Mon but, en prenant la plume, a été de vulgariser l'une des plus intéressantes conquêtes de l'*Acclimatation*.

Grâce à cette conquête, il ne tiendra qu'à vous maintenant de réaliser ce programme qu'au premier abord vous eussiez qualifié d'insensé, à savoir :

Soulever, sans sortir de chez vous, un coin du rideau qui nous cache un pays à peu près inconnu;

Évoquer et faire vivre une portion de l'Australie dans votre jardin.

# CHAPITRE V.

Perruches acclimatées autres que l'ondulée.

Dans ce chapitre, je me propose de passer en revue quelques-unes des perruches les plus répandues, en choisissant parmi les espèces acclimatées en France et reproduisant en volière.

Cette revue sera nécessairement sommaire parce que, les soins à donner étant à peu près les mêmes pour les diverses perruches, que ceux dont on entoure la perruche ondulée, je m'exposerais à tomber dans des redites.

Au seuil de cette entrée en matière, je dois faire observer tout d'abord que nous allons pénétrer dans un monde un peu différent de celui que nous venons d'étudier.

Ainsi, première divergence, contrairement à ce qui se passe chez l'ondulée, chacune des variétés que nous allons examiner demande une installation séparée, non seulement par espèce, mais aussi par couple.

En second lieu, la visite des nids, qui ne présente aucun inconvénient chez l'ondulée, a presque toujours pour résultat de dépiter les autres perruches, toutes plus ou moins ombrageuses, au point de les déterminer à abandonner leur couvée.

Ici, il faut tout voir, mais sans en avoir l'air, il faut observer, pressentir, deviner ce qui se passe dans chaque intérieur sans paraître s'en occuper.

En fait de perruches, on ne connaît que l'ondulée qui reproduise à l'état de société.

Je n'entends pas, pour cela, me contredire, ni prétendre que la même volière ne puisse pas contenir ensemble, vivant en bon accord, plusieurs variétés; je tiens seulement à bien faire comprendre que, dans une semblable installation, la reproduction serait, la plupart du temps, compromise.

Il n'est pas rare de voir certaines perruches d'un caractère sociable, telles que la calopsitte, la néo-zélandaise, faire bon ménage et reproduire dans un compartiment d'ondulées, ainsi que nous avons pu le constater dans les chapitres qui précèdent; mais il est bon d'ajouter aussi qu'il s'agissait d'oiseaux tout jeunes, habitués ensemble dès l'enfance et occupant une volière spacieuse.

Mais c'est là une expérience chanceuse et il arrivera souvent que la calopsitte, objet de taquineries de la part de ses camarades ondulées, ne reproduira pas volontiers en société de ces dernières, et, quand elle s'y décidera, vous courrez le risque de récolter des petits massacrés dans la bûche ou abandonnés avant terme.

D'un autre côté, certaines espèces, telles que la perruche-souris, l'omnicolore, sont hargneuses et méchantes, surtout à l'époque de la reproduction, et seraient susceptibles de malmener le troupeau d'ondulées ou les autres compagnes auxquelles vous auriez tenté de les réunir.

La calopsitte elle-même, pourtant si gentille de caractère, reproduirait difficilement dans un compartiment réunissant plusieurs couples de son espèce; il y aurait des jalousies, des batailles, des œufs cassés, des petits massacrés.

Donc, du moment qu'il s'agit de perruches autres que l'ondulée, une installation séparée est de rigueur, non seulement par espèces, mais aussi par couples.

Je n'ai pas besoin d'ajouter, Madame et aimable lectrice, qu'il s'agit ici de la perruche au point de vue de la reproduction, et que si vous teniez à ne posséder la perruche qu'à un point de vue purement ornemental et pour le plaisir des yeux, la situation serait toute autre et la réunion sans inconvénients, au moins pour certaines espèces. Dans ce cas, il serait préférable de peupler la volière exclusivement de mâles; ces derniers sont de couleurs plus éclatantes, sont plus robustes que les femelles, et l'absence absolue de ces dernières enlèverait le principal sujet de conflit.

La Fontaine n'a-t-il pas dit quelque part :

> Deux coqs vivaient en paix; une poule survint;
> Et voilà la guerre allumée!...

Maintenant, s'ensuit-il qu'il faille, pour posséder des espèces variées destinées à la reproduction, se mettre en frais d'installation ruineuse? — Pas le moins du monde.

Des compartiments de dimensions restreintes; un mètre cube pour un couple de perruches de moyenne et de petite taille : calopsittes, néo-zélandaises, d'Edwards, de Madagascar, etc.;

trois mètres pour les perruches de gros cali-
bre : omnicolore, de Pennant, etc., sont tout ce
qu'il faut.

Une série de semblables compartiments, jux-
taposés et superposés dans un ordre semi-circu-
laire, ou même en ligne droite, à bonne exposition, vous permettrait, sans grands frais, de
réunir une gamme plus ou moins complète de
couples de perruches variées.

Pour vos constructions, et pour le coup d'œil,
il est un grillage que je ne saurais trop vous
recommander. C'est le grillage Jubelin dit *à
simple torsion*, que vous trouverez à la maison
Stewart et Jubelin, 12, boulevard Poissonnière, à
Paris. Ce grillage, d'une adaptation plus facile
que le grillage anglais, d'une régularité im-
peccable, géométrique, tout en losanges, est
d'un effet merveilleux dès qu'il est adapté.

Essayez-en, Madame, et je suis convaincu que,
après comparaison, vous ne me saurez pas mauvais gré de vous l'avoir indiqué.

Vous pouvez encore, presque sans dépense,
installer vos perruches dans une volière à faisans, à perdrix, à colins ou à colombes, mais
alors avec quelques chances d'accidents. Un per-

ruchon peut tomber du nid avant terme, et un coup de bec est sitôt donné!

Chaque installation comporte, pour un couple, deux bûches creuses ou deux boîtes adaptées en hauteur, sous l'abri, au fond, dans chacune des encoignures, car il arrive souvent, ainsi que nous l'avons vu chez la perruche ondulée, qu'une nouvelle ponte est commencée pendant que le père achève seul l'éducation des jeunes de la première portée. Il est bon de favoriser un état de choses si conforme à nos intérêts.

Donc, deux bûches par chaque couple.

Quant à la dimension de ces bûches, elle comporte, suivant mon avis, trois modèles :

1° Le modèle pour perruche ondulée qui convient aux espèces de petite taille, telles que la perruche moineau, la perruche de Madagascar.

2° Le modèle pour perruche calopsitte, qui est adopté par les perruches de taille moyenne.

Nous avons établi les dimensions de ces deux modèles dans le chapitre III.

3° Enfin, le modèle pour grosses perruches, qui demande les dimensions suivantes :

Hauteur 50 à 55 centimètres environ.

Diamètre intérieur, de 18 à 20 centimètres.

Trou d'entrée 9 à 10 centimètres, disposé à 10 centimètres environ du sommet.

Quelques amateurs remplacent les bûches creuses par des boîtes carrées de mêmes dimensions, mais j'ai toujours donné la préférence aux bûches garnies de leur écorce comme étant plus nature.

Fond légèrement concave.

Bois tendre ; peuplier ou saule ; certaines espèces telles que la perruche de la Nouvelle-Zélande le déchiquètent pour tapisser leurs œufs.

Il est bon que la bûche affecte la forme d'un puits, parce que les jeunes y sont moins exposés à tomber du nid avant d'être assez forts pour pouvoir grimper et voler.

Le surplus de l'installation consiste en perchoirs, cuvette pour le bain, gravier fin saupoudré d'écailles d'huître pilées et de menu plâtras.

Comme nourriture : graines variées ;

Millet, alpiste, blé, sarrasin, avoine, maïs trempé et un peu amolli, chènevis en petite quantité, graines de soleil, riz mi-cuit ;

10.

Un morceau de pain légèrement trempé de lait bouilli ;

Verdures diverses ;

Épis verts dans la saison ;

Branches vertes de saule, de thuya et de genévrier ;

Baies et fruits divers ; noix, amandes douces, noisettes.

A l'époque des portées, pâtée à faisans (mie de pain, œufs durs avec la coquille, blé et chènevis écrasés par égale quantité, chicorée sauvage hachée menu, — beaucoup de chicorée sauvage, — le tout bien mélangé).

Ces préliminaires posés, qui comportent les données communes à la plupart des perruches, installation, nourriture, etc., nous allons nous occuper de nos acquisitions. Mais auparavant, Madame, et pour mettre un peu d'ordre en cette affaire, peut-être serait-il bon de hasarder quelques pas dans le domaine de la science ; ne froncez pas le sourcil, nous en ferons si peu — moins encore s'il est possible, — mais il me paraît à peu près indispensable que nous sachions que les perruches se divisent en plusieurs catégories, désignées comme toujours (les savants n'en font jamais d'autres) de noms peu harmonieux.

On les distingue en :

I. — *Platycerques*, ou perruches à longue queue se déployant en éventail dans le vol. (La perruche omnicolore, celle de Pennant.)

II. — *Palæornis*, ou perruches à queue très longue, deux des plumes caudales dépassant les autres comme deux flèches. (La perruche d'Alexandre : celle à collier rose.)

III. — *Conurus*, ou perruches à queue de dimensions moyennes, de forme conique. (La perruche-souris.)

IV. — *Loris*, ou perruches à queue courte et arrondie, plusieurs grosses comme des pigeons. (Le lori rouge, le lori vert, le lori cramoisi.)

V. — *Psittacules*, ou perruches à queue courte et arrondie comme les loris, mais de petite taille. (La perruche inséparable, celle à croupion bleu.)

VI. — *Psephotes*, ou perruches au plumage brillant à reflets métalliques. (La perruche de paradis est un des plus beaux exemplaires de cette variété.)

Ouf! ... Voilà tout ; au moins tout le peu que je sais, mais n'est-ce pas qu'il était temps?

Cela fait, nous allons passer en revue quelques-unes des perruches les plus connues, et les bien définir de manière à vous aider dans le choix de vos acquisitions. La désignation de chacune de ces perruches sera suivie de l'indication de son pays d'origine, de sa valeur courante approximative, et, hélas! de son nom en latin. Ici je ne saurais trop vous recommander, Mademoiselle, de ne pas lire cet abominable latin. Ce serait vous vouer à une migraine malheureusement trop probable. Aussi, pour vous mettre à même d'éviter cet écueil, a-t-on eu soin d'imprimer ces noms latins en caractères d'un modèle différent.

— Mais alors, me direz-vous, à quoi bon ces désignations latines?

— Voici. Ce latin a été introduit dans la nomenclature qui va suivre, dans le but de vous mettre à même, lors de vos acquisitions, de bien préciser les sujets que vous désirez, de manière à couper court à tout malentendu et à vous éviter le désagrément de recevoir une variété pour une autre.

Ainsi, pour vous donner une idée de l'utilité d'une désignation latine, vous n'avez qu'à demander la perruche-moineau, ou la perruche-Touï-été, ce qui est tout un, à n'importe quel marchand d'oiseaux ou même au jardin d'acclimatation ; eh bien ! vous aurez huit chances sur dix de n'être pas comprise ; tandis que si vous demandez la *Psittacula passerina*, l'on saura de suite que l'oiseau que vous désirez est la jolie petite perruche verte à croupion bleu que je vais essayer de vous dépeindre dans un instant.

Lors donc que vous aurez une acquisition à faire, sans avoir besoin de vous imprégner de ce maudit latin, dont je suis fier de n'être pas l'auteur, vous n'aurez tout simplement qu'à recourir à monsieur votre frère, qui fait en ce moment sa quatrième, et à le prier de vous copier le nom baroque ; cela fait, vous remettez le petit papier au marchand. Ce n'est pas plus difficile que cela.

Ceci bien entendu, je vais vous demander la permission de vous présenter rapidement non pas toutes les perruches les plus connues, mais quelques-unes, celles seulement avec lesquelles je me suis trouvé plus ou moins en relations.

Les voici :

## LA PERRUCHE CALOPSITTE. (Australie.)

### *Psittacus Novæ-Hollandiæ.*

De loin, on la prendrait pour une tourterelle des bois, dont elle a la taille, la couleur et un peu la forme. L'ensemble de sa livrée est gris cendré, bordure blanche aux ailes, ventre blanc, huppe bleu cendré, joues jaunes avec une tache d'un rouge accentué chez le mâle; le jaune et le rouge sont de nuances plus pâles chez la femelle.

Cette espèce est très rustique et très douce. J'en obtiens depuis des années deux ou trois reproductions par saison, de deux à quatre jeunes chaque fois, dans les conditions suivantes :

J'installe le couple au jardin, au milieu de la verdure, dans une caisse cubique mesurant un mètre de côté, grillagée sur le devant, exposée au levant ou au midi, et reposant sur un socle de 50 centimètres de hauteur.

Des trappes sont ménagées sur le côté de la

caisse pour changer l'eau et la nourriture chaque matin. Une toiture abrite la caisse.

Caisse et toiture sont composées de pans assujettis au moyen de boulons que l'on monte au printemps pour les démonter et les rentrer en novembre.

La calopsitte supporte aisément le froid, est de santé robuste, douce de caractère et très attachée à la personne qui la soigne. Je ne passe jamais à portée du couple sans être interpellé par des cris d'appel et d'intelligence.

Prix courant : de 20 à 25 francs la paire.


**LA PERRUCHE-SOURIS.** (Guyane, Caroline, Virginie.)

*Psittacus murinus.*


Cette perruche mesure 35 centimètres de long.

Plumage vert olive en dessus, vert jaunâtre en dessous; tête, gorge et poitrine gris cendré; queue verte très pointue; devant de la tête rouge orange.

Cette espèce est hargneuse et de caractère

méchant; elle est sensible au froid et demande à être rentrée l'hiver.

Le mâle partage avec la femelle les soins de l'incubation.

Prix du couple : 15 francs.

## LA PERRUCHE DE LA NOUVELLE-ZÉLANDE.

### *Platycercus Novæ-Zelandiæ.*

Taille : 28 centimètres. Livrée verte, de nuance foncée, excepté sous le ventre où le vert est plus clair. Deux taches rouges pourpre au front et deux autres de même nuance de chaque côté du croupion. Bleu aux ailes.

Le mâle se distingue de la femelle par sa taille plus forte, et par la tête et le bec qui sont plus gros.

Cette variété est rustique et reproduit beaucoup, même l'hiver. Elle est douce, vive et gaie; en un mot elle possède les qualités qui rendent la calopsitte recommandable.

Sa nourriture consiste en alpiste, millet, chènevis, et surtout en graines de soleil.

Elle donne de 3 à 4 portées par an, de 3 à 6 jeunes chacune.

Lorsqu'elle veut pondre, elle remplit son réduit de plumes et de petits éclats de bois. Elle est très ombrageuse lorsqu'elle est au nid.

M. Delaurier aîné, à Augoulême, est un des amateurs qui ont le plus propagé la Néo-Zélandaise, qu'il fait reproduire avec succès depuis 1872.

Prix de revient : 65 francs la paire.

LA PERRUCHE ALEXANDRE. (Indes orientales.)

*Palæornis Alexandri.*

Taille : 55 centimètres. Bec rouge cerise ; livrée verte ; demi-collier noir sur la gorge et les côtés du cou ; demi-collier noir sur la nuque ; ailes tachées de rouge.

La femelle n'a pas le collier ; les jeunes ne le prennent qu'à l'âge adulte.

Cette espèce est la plus anciennement connue. On attribue son importation en Europe aux soldats d'Alexandre le Grand, d'où son nom.

Elle apprend facilement à parler, est très fami-

11

lière et son habitat le plus ordinaire est le vestibule où elle trône sur un perchoir, bavardant comme une commère.

Prix de revient : 15 francs pièce. On trouve rarement la femelle dans le commerce.

### LA PERRUCHE A COLLIER ROSE. (Inde.)

*Palæornis torquatus.*

Présente beaucoup d'analogie avec la précédente, avec laquelle plusieurs la confondent ; mais elle est de taille plus petite. Sa livrée est à peu près la même. Demi-collier rose bordé de noir à la nuque, queue très longue mesurant 40 centimètres.

J'ai connu un mâle de cette variété que j'ai conservé à la maison pendant quelques semaines. Il avait été mis en pension chez moi pendant une absence de sa maîtresse. On le tolérait aux heures des repas où il nous amusait par sa gentillesse, mangeant de tout : viande, radis, pain, biscuit, café, sucre, buvant du vin. Son éducation avait été négligée, car cette espèce parle, moins bien il est vrai que l'Alexandre ; elle ne savait dire que ce seul mot : « Voilà ! , » et encore en parlant du nez ; mais, chose digne de remarque, elle savait le placer à propos.

La Torquatus est susceptible d'une grande affection et d'une fidélité exemplaire, mais en revanche elle se montre d'une jalousie outrée. Gare aux animaux qu'on s'avise de caresser en sa présence. Nos chats blancs savent les becquées de poils que leur a valu l'expérience.

Lorsque la maîtresse de notre perruche Torquatus revint chercher son oiseau, celui-ci, qui avait reconnu la voix de son amie dès avant son entrée dans l'appartement, de s'écrier en battant des ailes : « Voilà ! » D'un bond elle fut sur l'épaule de sa vieille amie, et ce furent des caresses, des témoignages d'amitié à n'en plus finir.

La Torquatus est une espèce d'agrément par excellence. Prix de revient : 30 francs la paire.

### LA PERRUCHE DE SWAINSON. (Australie.)

*Platycercus trichoglossus.*

Taille : 30 centimètres. Bec rouge vif, tête bleue, parties supérieures vert olive ; demi-collier jaunâtre, poitrine jaune et rouge, ventre bleu violet, ailes vertes, queue verte en dessus bronzée en dessous et marquée de jaune.

Cette variété est une des plus belles. Elle est très robuste, résistante au froid. Elle reproduit dès le commencement d'avril et donne plusieurs portées par an. Le père partage avec la mère les soins de l'incubation.

Nourriture : pain trempé de lait bouilli, blé, millet, alpiste, chènevis.

Valeur du couple : 75 francs.


### LA PERRUCHE OMNICOLORE. (Australie.)

*Psittacus eximius.*


Taille : 30 centimètres. Livrée riche : tête et cou d'un rouge vif ; gorge jaune, joues blanches avec une tache violette ; dos vert olive ; queue verte et bleue. La femelle ressemble au mâle, mais est de nuances plus pâles.

Cette espèce est ornée de toutes les couleurs, ainsi que l'indique son nom. Elle est très rustique, mais peu endurante, surtout à l'époque de la reproduction, qui a lieu en mai.

Prix : de 35 à 45 francs, suivant qu'elle est fraîchement importée ou tout à fait acclimatée.


## LA PERRUCHE EDWARDS. (Australie.)

### *Euphema pulchella.*


Très jolie petite variété, à peine plus grosse que l'ondulée. Livrée verte aux parties supérieures; front, joues et ailes bleues, épaulettes rouges, ventre jaune d'or, bec noir. La femelle a les joues vertes. Reproduit plusieurs fois par an, quand elle a été achetée dans de bonnes conditions.

Même menu que celui de l'ondulée.

Prix : 60 francs.


## LA PERRUCHE DE PARADIS. (Australie.)

### *Psephotus pulcherrimus.*


Taille de la calopsitte. Livrée splendide, à reflets métalliques chez le mâle, front rouge, tache

11.

noire sur le milieu de la tête ; nuque et dos brun ; poitrine bleu azur, gorge vert émeraude, ailes noires avec miroir rouge vif, ventre rouge, croupion bleu.

Cette espèce, quoique assez rustique, n'a encore donné que de rares reproductions. Ce résultat tient très probablement au peu de vigueur des sujets avec lesquels on a expérimenté.

Prix de revient : 120 francs.

## LA PERRUCHE DE MADAGASCAR.

### *Polyopsitta Cana.*

Petite perruche verte, de la taille de l'ondulée ; tête, cou et poitrine cendré clair chez le mâle, gris verdâtre chez la femelle ; queue courte et arrondie.

Caractère accommodant.

Cette petite variété est assez rustique et reproduit très bien dans une caisse grillagée sur le devant, mesurant 75 centimètres de hauteur sur 60 de largeur et de profondeur.

Nourriture de l'ondulée.

Prix courant : 18 francs.

LA PERRUCHE A CROUPION BLEU. (Guinée.)

*Psittacula passerina.*

On la désigne quelquefois sous le nom de perruche-moineau ou perruche touï-été.

Livrée verte, queue courte, bleu brillant aux ailes et au croupion, peu visible au repos, mais éclatant pendant le vol : à ce moment on dirait un saphir enchâssé dans une émeraude.

Cette jolie variété reproduit chez moi dans des bûches d'ondulées.

Elle est d'un caractère assez entier et les sujets que je possède faisaient la loi à mes perdrix de Chine, chez lesquelles je les avais installées. Dès que j'arrivais pour remplir le plat de pâtée, le mâle touï-été descendait du perchoir et s'attablait, chassant les perdrix de Chine et appelant sa compagne. Les perdrix n'avaient la permission de manger que lorsque les touï-été se trouvaient repues. Très curieux, ces pygmées faisant la loi à des colosses.

Nourriture : alpiste, millet, avoine, pain trempé, pâtée à faisans.

Prix : 15 francs la paire.

### LA PERRUCHE DE PENNANT. (Australie.)

*Platycercus Pennantii.*

Taille : 35 centimètres. L'une des plus belles variétés connues. Bec plombé, iris orange; ensemble de la livrée rouge cramoisi; moustaches bleu violet; dos noir bordé de rouge; ailes noir et bleu, queue bleu et vert.

Rustique et dure au froid.

La Pennant n'est apte à reproduire et n'a ses belles couleurs dans tout leur éclat qu'à partir de la deuxième année.

Prix variable suivant l'âge des sujets: de 65 à 90 francs.

La Pennant est d'un caractère sociable, et susceptible, à l'occasion, de polygamie, comme tendrait à le démontrer l'expérience suivante poursuivie par M. L. Perrier, de Rochefort.

Le fait, relaté dans l'*Acclimatation belge illustrée* (1), m'a paru tellement intéressant que je

(1) *Journal des Éleveurs*, paraissant les 10, 20 et 30 de chaque mois, avec planches coloriées; bureaux, 116, rue Verte, à

ne puis résister au désir de vous le transcrire.

Voici le cas.

« Je possédais deux jeunes femelles adultes depuis deux ans et ayant perdu successivement les mâles, j'en achetai un autre en janvier 1881, et le lâchai avec mes deux femelles, espérant en enlever une un jour ou l'autre.

M'étant aperçu au bout de quelques mois que l'entente la plus parfaite existait entre eux trois, je ne songeai plus à mon projet de séparation.

En juin 1881, mes deux femelles couvèrent : une 7 œufs, l'autre 3, d'où naquirent 6 petits, qui vécurent très bien pendant un mois et demi. Ils moururent étant tombés accidentellement du nid (mes faisans vénérés, qui occupent la même volière, peuvent les avoir tués en marchant dessus). Voilà déjà un résultat.

Enfin, l'année dernière, à mon grand étonnement et à ma grande joie surtout, je vis de nouveau disparaître presque en même temps mes deux femelles. J'observai alors le mâle qui allait d'une boîte à une autre boîte, distante

Bruxelles. Prix d'abonnement : Belgique 10 francs, Étranger 12 francs. Publication indispensable à tout éleveur et tout à fait recommandable.

environ de trois mètres, où il séjournait dix minutes à peu près, sur la planchette placée à l'entrée du trou, et paraissant s'assurer que tout allait bien.

Je me gardai bien dès ce jour d'y toucher, m'assurant seulement avec la main que j'appliquais doucement en dessous de la boîte, s'il existait un peu de chaleur, indice que mes femelles étaient vivantes.

En effet, le 20 juin 1882, trois petits naquirent dans une des boîtes et quatre jours après, quatre autres dans l'autre. — Ils sont tous venus très beaux, sauf un (une petite femelle, née avec une jambe plus courte); de ces sept petits j'ai eu 3 mâles et 4 femelles.

Deux couples de mes jeunes pensionnaires ont été vendus cette année.

Durant la couvée des femelles et le temps que les petits étaient au nid, le mâle faisait une guerre acharnée à mes faisans vénérés au nombre de trois aussi (un coq et deux poules), ainsi qu'à une poulette Bentam, lorsqu'ils voulaient se mettre sur les perchoirs élevés, et ne les supportait qu'à l'heure du coucher. »

Cette étude sur les perruches est nécessairement fort incomplète. J'ai tenu à vous faire connaître seulement quelques variétés avec lesquelles je me suis trouvé plus ou moins en relation ; mais j'en ai passé beaucoup, et des meilleures : l'inséparable, la multicolore (qu'il ne faut pas confondre avec l'omnicolore), la palliceps, la Jendaya ; les perruches à croupion rouge, à ventre jaune, à scapulaires ; bouton d'or, d'Adélaïde ; de Barraband, de Barnard, Mélanure, de Stanley, etc., etc.

Les soins à donner à presque toutes ces perruches étant à peu près les mêmes, c'eût été sortir de mon sujet que de me livrer à une nomenclature qu'il serait presque impossible de donner complète à cause de l'innombrable variété des espèces, variété qui ne fait que croître et embellir de jour en jour, grâce aux importations.

# CHAPITRE VI.



Les variétés les plus répandues de cette espèce sont les suivantes :

1° Le Diamant dit de l'Australie (*Amadina guttata*). Bec rouge cerise, tête gris cendré, gorge blanche, dos et dessus des ailes gris cendré, flancs noirs pointillés de blanc, croupion rouge, queue noire, tarses et pieds noirs. Valeur courante de 20 à 40 fr. le couple, suivant qu'il s'agit de sujets importés, d'une conservation souvent chanceuse, — ou de sujets nés en volière et élevés chez l'amateur.

2° Le Diamant a bavette (*Poëphila cincta*). Bec noir, tête gris cendré clair, large bavette noire, dos gris marron, flancs chamois bordés de noir, ventre blanc, queue noire, tarses et pieds rouges. Valeur courante de 25 à 45 fr. le couple.

3° Le Diamant a moustaches (*Spermestes castanotis* ou *Amadina castanotis*) avec lequel nous allons faire ample connaissance et que je décrirai plus loin. Valeur commerciale : de 10 à 15 francs.

Je connais encore deux autres variétés de diamant : le *Diamant rubis*, le *Diamant modeste*, beaucoup plus rares que les précédentes ; il est possible même que la famille soit plus nombreuse, mais cela ne modifie en rien le cadre de cette étude.

Je me bornerai à rappeler que les Diamants que je viens de désigner sont tous australiens.

L'installation, le mode d'entretien, la nourriture, les soins à donner, l'éducation des jeunes étant les mêmes pour tous ces oisillons, je pense n'avoir rien de mieux à faire que de prendre pour type la variété la plus connue et de vous entretenir du diamant à moustaches, dont j'obtiens tous les ans des reproductions.

## LE DIAMANT A MOUSTACHES.

### *Amadina castanotis.*

Un oisillon devenu fort à la mode, et qui se trouve aujourd'hui l'hôte de la plupart des vo-

lières d'appartement, c'est le diamant à moustaches, désigné par quelques-uns sous le nom
de moineau mandarin ou diamant mandarin.

D'où lui vient la faveur dont il est l'objet? C'est
ce qu'une étude attentive de tout ce qui concerne
ce petit oiseau (mœurs, industrie, vertus de famille, etc., etc.) va peut-être nous apprendre.

Constatons d'abord qu'il ne possède aucune
des qualités brillantes qui ont fait la fortune de
la plupart de ses confrères de la gent emplumée.

Ainsi le diamant n'est pas chanteur. Il n'a pas
reçu de la nature cet organe exquis auquel le
rossignol, la fauvette, et tant d'éminents artis-
tes doivent leur célébrité. Non, sa voix à lui ne
se prête à aucune espèce de chant. Il ne s'en sert
que pour la conversation ou pour exprimer ses
impressions. Un simple gazouillement sur une
note gaie.

D'un autre côté, sous le rapport du vêtement,
bien que sa livrée ne soit pas sans mérite, le diamant a été plus modestement partagé que beaucoup de ses compatriotes australiens, qui, pour
la plupart, le surpassent tant sous le rapport de
la richesse de l'étoffe qu'au point de vue de l'élégance de la coupe.

Le diamant est un granivore. La dimension de son gros bec rouge orange ne saurait vous laisser aucun doute à cet égard. Je vous le signale même comme un beau mangeur, ce qu'on appelle une belle fourchette.

Nous allons, tout à l'heure, voir de quoi se compose son ordinaire, mais avant de pénétrer plus avant dans ses habitudes et dans sa vie privée, avant de nous lier, en un mot, avec le diamant à moustaches, peut-être êtes-vous en droit d'exiger que je vous le présente. Il est toujours bon de voir d'abord les gens qu'on va fréquenter, et, d'ailleurs, l'usage le veut ainsi.

Le voici :

De la taille d'une mésange, à péu près ; pattes orangées, d'une finesse extrême ; queue écourtée, pas d'aigrette, proportions modestes. Moustache blanche, bordée de noir, à laquelle l'oiseau doit son nom ; dos et gorge cendrés, ventre blanc, rectrices rayées de blanc et de noir par le travers. Le mâle se distingue par une tache rouge orange sur la joue, ses flancs marron pointillé de blanc, son plastron de lignes noires transversales d'un très joli dessin.

Pour la vivacité, la familiarité, la gaieté,

l'entrain et l'espièglerie, un vrai môineau.

Il est monogame, et ses vertus de famille pour-
raient servir de modèle. La vie à deux, le travail à deux, l'éducation de la famille poursuivie
au prix d'efforts communs, tels sont les titres
qui le recommandent à notre intérêt. Nous allons
d'ailleurs le voir à l'œuvre.

Sa rusticité est telle qu'elle permet de l'installer au dehors dans le jardin à partir du quinze
avril, jusque vers le quinze octobre, sans que sa
santé paraisse en souffrir.

Seulement je dois faire observer qu'une des
conditions les plus essentielles de toute installation de diamant consiste dans un nid bien calfeutré, qu'il se charge de construire lui-même
si vous lui en fournissez les éléments, mais dont
il ne saurait absolument pas se passer.

C'est dans ce nid que vous surprenez le couple mandarin invariablement le soir, et (surtout
s'il survient du froid) souvent dans la journée.

Il lui faut donc de toute nécessité un nid, et
l'inobservation de ce point capital pourrait nous
coûter cher, ainsi que j'ai été à même de le
constater, il y a trois ans, dans un grand établis-
sement d'élevage et de vente. Je vis là, sur les

perchoirs, serrés les uns contre les autres, tristes, frileux, déplumés, des quantités de moineaux mandarins. L'employé chargé de leur entretien m'avoua en avoir perdu près de trois cents, et cependant ils étaient à couvert, à bonne température, pourvus de fin gravier, bien nourris, bien soignés, mais..... ils n'avaient pas de nid. Ceci pour moi suffisait à tout expliquer.

Ces préliminaires posés, nous allons installer, avec tout le confortable possible, un couple de diamants, puis nous l'étudierons dans son intérieur et dans sa vie de famille.

Si vous tenez à le voir reproduire, ne l'installez pas dans une cage ordinaire, grillagée sur toutes ses faces. Presque toutes les cages d'appartement sont défectueuses sous ce rapport. J'ai déjà dit ailleurs tout le mal que j'en pense.

Le principal inconvénient de ces sortes d'engins consiste en ce que l'oiseau, tenu en éveil sur les quatre points de l'horizon à la fois, demeure, lui si mobile, dans un état de qui-vive continuel, d'émotions de toutes sortes, qui l'empêchent de suivre les instincts de sa nature.

Il faut à l'oiseau, pour qu'il consente à reproduire, le huis-clos, le chez-soi, le mur de la vie privée, une sorte de sécurité relative, de demi-mystère, et la vraie cage consisterait en une partie à ciel ouvert et grillagée communiquant à un réduit d'assez grande dimension formant boudoir.

Ici, faute de mieux, je me suis toujours très bien trouvé de cages grillagées sur le devant seulement et closes sur toutes les autres faces.

Pour cela, je me sers de caisses mesurant de 70 à 80 centimètres de hauteur sur 55 de largeur et autant de profondeur. Le couvercle de la caisse est remplacé par un fin grillage à mailles de 12 à 15 millimètres et les côtés sont munis d'ouvertures fermant au moyen de trappes, pour faciliter le service.

Chaque caisse est disposée sur un socle, pour la mettre à portée, et ne doit pas contenir plus d'un couple, au moins à l'époque où l'on veut faire travailler les oiseaux; l'inobservation de cette dernière condition se traduirait en œufs cassés.

Il n'en est pas du diamant comme de la perruche ondulée, sa compatriote, qui elle, travaille avec d'autant plus d'entrain qu'elle se trouve plus en nombre. Le premier pratique dans toute sa rigueur le : chacun chez-soi, et c'est vraiment dommage ; ce serait si joli d'avoir, dans une volière, en demi-liberté, des volées entières de moineaux mandarins travaillant à l'envi.

Enfin.

Revenons à notre caisse grillagée qu'il s'agit de meubler convenablement. D'abord, la literie. Dans l'un des angles du fond, en hauteur et sous le plafond, nous adaptons une branche de thuya ou même de sapin, fourchue, à trois rameaux réunis entre eux à leur sommet de manière à former une sorte d'excavation ; cela fait, nous passons par les barreaux, du crin, des bouts de laine, des tiges de foin, de la filasse, de la ouate, beaucoup d'ouate blanche, des plumes, blanches également, le mandarin les préfère aux plumes de couleur. Pourquoi cette préférence ? Je suis convaincu qu'il vous répondra que tous les goûts sont dans la nature.

Tout aussitôt, les oisillons s'empressent d'utiliser les matériaux mis à leur disposition et qu'ils vous arrachent littéralement des mains. Vous les voyez aller et venir à tour de rôle, la ouate ou la plume au bec et en moins d'une demi-journée un nid bien calfeutré, bien capitonné, bien confortable, se trouve construit en forme de four, dans la cavité produite par votre branche de thuya.

Le soir, vous pourrez les surprendre couchés dans ce nid, côte à côte, comme deux époux modèles, la tête sur l'oreiller. L'oreiller ici, c'est le bord du nid tourné du côté du jour sur lequel s'appuient deux becs rouges que vous connaissez bien.

Mais revenons à notre ameublement ; le reste du mobilier est peu de chose, des perchoirs disposés à hauteur suffisante, un petit vase à bords peu élevés, contenant l'eau du bain, le bain d'eau étant un des éléments de la santé du mandarin ; un canari contenant l'eau de boisson et une augette qu'on garnit de nourriture ; ces trois derniers objets déposés sur un lit de gravier fin de quatre ou cinq centimètres d'épaisseur.

Voilà pour les meubles.

Le menu est le même que celui indiqué pour la perruche ondulée : millet, alpiste, mouron blanc, chicorée sauvage, verdures diverses. L'hiver, quand la verdure ordinaire fait défaut, on la remplace par du chou haché menu.

Aux époques des mues, ou lorsqu'un des oiseaux fait le gros dos, l'eau de Vichy et quelques larves de fourmis ou quelques vers de farine sont d'un excellent effet. A défaut d'insectes, la pâtée à faisans, dont j'ai indiqué la composition au chapitre V, les remplace avantageusement.

Ainsi installés et pourvus, les oiseaux ne tardent guère à se livrer à la reproduction et le nid s'enrichit de quelques œufs que vous pouvez apercevoir dès que les mandarins sont levés. La ponte a lieu même durant l'hiver, seulement, ces œufs d'hiver sont rarement féconds.

La reproduction ne commence sérieusement qu'au printemps, et ici j'ai l'habitude d'installer mes couples au dehors pour les faire travailler, vers le 15 avril, par une série de beau temps. A cet effet, chaque cage, contenant et contenu, est descendue au jardin, posée sur un socle et revêtue d'un petit toit mobile débordant de 20 centimètres environ pour l'abri de la pluie ou du soleil.

Le socle est disposé au milieu d'arbustes verts et le devant de la cage tourné au sud, à l'est ou au sud-est. Il est bon que l'installation ait lieu dans une volière ou tout au moins à l'abri d'un double grillage; autrement la visite des chats serait fatale. Quelle que soit la finesse du grillage, les oiseaux dans leur effarement cherchent à s'échapper du seul côté par où vient la lumière et qui est précisément le côté grillagé; ils s'y cramponnent convulsivement et alors le chat au moyen de ses griffes ne tarde pas à les mettre à mal. C'est faute d'avoir observé la précaution que j'indique que j'ai eu, lors de mes débuts, plusieurs sujets décapités.

Je me le suis tenu pour dit et vous ne me saurez pas mauvais gré, j'en suis sûr, de vous avoir prévenus.

L'installation au jardin est bientôt suivie d'une ponte sérieuse. Un premier œuf est pondu, puis, deux jours après, un deuxième, après quoi la pondeuse se met à couver, tout en continuant sa ponte, ainsi, du reste, que le fait la perruche ondulée.

Dans les premiers temps, le mâle partage avec sa compagne les soins de l'incubation; ils couvent d'abord à tour de rôle, puis lorsque l'éclosion est proche, vous les voyez garder le nid tous deux ensemble.

L'éclosion a lieu au bout de treize jours; alors le père et la mère vont alternativement chercher de la nourriture qu'ils dégorgent, dans le nid, aux nouveau-nés.

A ce moment, vous pouvez leur être d'un grand secours par quelques distributions d'œufs de fourmis, de sauterelles, de vers de farine ou même de pâtée à faisans, et la jeune famille poussera à vue d'œil. Surtout ne cherchez pas à voir, vous inquièteriez les parents. Lorsque ceux-ci sont dehors, quelques soubresauts dans le duvet qui tapisse le fond du nid, sorte d'édredon où les jeunes sont enfouis, vous sont une indication suffisante.

Si le temps se met au froid, ou si votre examen tourne à l'indiscrétion, une plume blanche, piquée debout à l'entrée du réduit, vous indique que l'alcôve est fermée et qu'on n'entre pas, pas plus la froidure que le regard indiscret.

Ces gens-là, vous le voyez, se sentent bien chez eux.

Quinze ou dix-huit jours après l'éclosion, les premiers nés commencent à sortir du nid, pour y rentrer presque aussitôt, et s'habituent insensiblement à la vie extérieure.

Leur livrée du premier âge est gris cendré uniforme, le bec et les pieds sont noirs; bientôt paraît la moustache naissante, le bec et les pieds rougissent peu à peu, les couleurs s'accentuent, et à l'âge de deux mois, les jeunes ont revêtu leur livrée d'adultes. Les jeunes sujets de la première portée sont aptes à reproduire la même année à l'automne.

La reproduction se répète et donne de trois à quatre portées par an, chaque portée de 2 à 5 jeunes.

Durant les premiers jours qui suivent la sortie du nid, les jeunes continuent à coucher le soir avec leurs parents; ceux-ci continuent à les embecquer, tout en leur apprenant à manger seuls; puis bientôt, la chambre à coucher devenant trop étroite, un second nid et vient s'étager au-dessus du premier, et la ponte recommence.

Vous me direz qu'à ce compte la cage va devenir trop étroite; c'est probablement la réflexion que se fait le père, car après avoir assisté avec complaisance, durant les premiers jours, cette marmaille qui s'attache à chacun de ses pas avec force cris pour recevoir la pâture, il se met à chasser la troupe importune dès qu'elle est en état de se suffire, c'est-à-dire huit ou dix jours après la sortie du nid.

A ce moment, de nouveaux devoirs l'appellent et sa première tâche est finie.

Dès lors c'est à l'éleveur à lui venir en aide, et les jeunes de la première portée devront être installés dans une cage à part, pourvue d'un nid tout préparé et bien munie de vivres. L'éducation s'achève sans difficultés et la bande joyeuse n'a pas l'air de s'apercevoir qu'elle est orpheline.

Tous les liens de famille, d'ailleurs, ne sont pas absolument rompus par cette séparation, et, d'un bout à l'autre du jardin, les parents et les enfants sont libres de correspondre par leurs cris, et Dieu sait qu'ils ne s'en font pas faute.

Ici s'arrête nécessairement cette étude, sous peine de tomber dans des redites.

Les faits que je viens de raconter sont pris sur le vif et ces faits sont plus éloquents que toutes les réflexions que je pourrais faire.

Si j'ai cru devoir prendre la plume, c'est pour répondre une fois pour toutes à ceux qui s'étonnent de voir la faveur dont est l'objet un petit oiseau bien modeste, qui n'a pour lui ni le prestige du chant, ni celui de l'élégance des formes, ni celui de l'éclat des couleurs.

Sans doute, mais il est doué de qualités solides, de vertus réelles. Nous trouvons en lui un architecte habile, un tapissier de premier ordre et des qualités privées tout à fait recommandables. Bon ouvrier, bon époux, bon père de famille; tels sont les titres qui lui ont valu ses succès dans le monde.

# CHAPITRE VII.



Cette étude n'étant pas une nomenclature nóus allons nous occuper exclusivement comme nous l'avons fait pour les diamants, des Benga-lis les plus en faveur et qui reproduisent régulièrement en volière.

Un très joli Bengali est le BENGALI PIQUETÉ, de l'Inde (*Ægintha amandava*). Bec rouge foncé, plumes des ailes brun avec des points blancs, croupion et flancs rouge piqueté de points blancs, queue noire, tarses et pieds rouges.

Le Bengali piqueté est bon chanteur.

Son prix de revient est de 5 francs le couple.

Ce gentil oiseau reproduit en captivité, mais se montre sensible au froid et assez délicat, ce qui fait que la mode lui a préféré le BENGALI DU JAPON OU MOINEAU DU JAPON.

Les soins à donner étant les mêmes pour les Bengalis indiens que pour le Bengali japonais,

13.

c'est ce dernier que nous allons prendre pour type sous ce titre :

## LE BENGALI OU MOINEAU DU JAPON.

### *Munia striata.*

Pour le bien définir, je ne puis mieux faire que de prendre pour point de comparaison notre moineau français : même gros bec, même structure, mêmes formes trapues, même coupe de vêtement. La taille seulement, chez le japonais, est de moitié plus petite, et les couleurs du plumage sont différentes.

A cette distinction près, on peut facilement les prendre pour deux variétés de la même espèce.

Je me hâte d'ajouter, pour être vrai, que les points de ressemblance entre les deux pierrots sont purement physiques, mais qu'au point de vue moral, si je puis m'exprimer ainsi, il existe entre eux tout un monde de différences.

Il serait profondément injuste, en effet, de confondre le moineau du Japon, si estimable dans ses mœurs et dans son caractère, avec le gavroche effronté, pillard, piaillard et ..... paillard, qui fleurit et pullule dans notre beau pays de France où on le rencontre, hélas! partout; sur l'appui de nos fenêtres où il laisse des témoignages malpropres de ses visites importunes; dans nos cerisiers, l'été, où il fait rage sur les fruits mûrs; dans les basses-cours où, pêle-mêle avec nos volailles, il se gave, à nos dépens, de victuailles qui ne lui étaient point destinées. Le seul endroit, peut-être, où on ne le voie pas, c'est la cage. Il n'a jamais pu, paraît-il, supporter la captivité, ce bohème, et il y mourrait de nostalgie : la nostalgie du vagabondage et de la maraude. Peut-être, après tout, sa nature vicieuse est-elle le résultat du contact prolongé de notre civilisation trop raffinée.

Toujours est-il que tel n'est pas le munia. Non certes. Ce n'est pas lui qui s'aviserait de crocheter l'appartement d'une hirondelle pour lui voler son nid. Le moineau du Japon est un honnête moineau qui ne veut devoir rien qu'à son travail. Sa literie, il tient à la confectionner lui-même, à la sueur de son... bec, suivant ses idées à lui; il apporte même à cette opération un soin extrême, qui nous montre que ce japo-nais apprécie à toute sa valeur notre vieux pro-verbe français :

*Comme on fait son lit on se couche.*

Nous ne tarderons pas, au surplus, à le voir à l'œuvre ; mais, pour mettre un peu d'ordre dans ce que j'ai à vous raconter à son sujet, je crois le moment venu de compléter le portrait du munia, puis nous l'installerons ; nous l'observerons dans sa vie privée, dans ses mœurs, dans ses habitu-des, dans ses petits secrets ; enfin nous conclu-rons sur la valeur de ce petit oiseau comme compagnon de nos loisirs et comme animal d'agrément.

La livrée des munias n'est pas d'une couleur uniforme, et, bien qu'il soit d'usage de dire que l'habit ne fait pas le moine, il n'en faut pas moins reconnaître que, chez cette espèce, les sujets sont prisés suivant la couleur de leur vê-tement.

Il y en a de gris marron ; il y en a de tout blancs ; il y en a de panachés.

Les plus estimés sont les blancs purs et les blancs panachés isabelle, dont le prix s'élève jusqu'à dix-huit et vingt francs le couple. Ces privilégiés constituent ce qu'on pourrait appeler l'aristocratie de l'espèce. Quant aux gris marron, ils sont beaucoup moins recherchés, bien qu'ayant les mêmes mérites que les premiers, sans doute parce qu'ils sont plus répandus : tous gens à huit francs la paire.

Le munia est rustique, de santé robuste, moins délicat et plus résistant que le moineau mandarin ou diamant à moustache de l'Australie, avec lequel nous avons lié connaissance dans le chapitre précédent, et avec lequel, comme mœurs, il présente de grandes analogies.

Il est granivore, comme l'australien, et fort mangeur. Leur menu est le même : millet, alpiste, verdure suivant la saison.

Il adore le bain, et son petit bassin d'eau fraîche est le théâtre de ses fréquentes ablutions. Dès qu'il est suffisamment rafraîchi, il se pose au perchoir, lisse ses plumes, fait sa toilette et prélude à sa chanson, car j'avais oublié de vous dire que le moineau du Japon est un chanteur très distingué. Sa voix n'a pas les éclats assourdissants de celle du serin, et de la plupart des chanteurs de volière, elle est grave et contenue, à ce point qu'il faut être près de lui pour bien entendre.

Figurez-vous une poignée de noisettes ou de petit galets qu'on frotterait les uns contre les autres entre ses deux mains, suivant un rythme déterminé, et vous aurez un aperçu approximatif de l'organe de notre petit artiste.

Donc, sorti du bain, il va se percher, s'épluche, accorde son instrument, et vous régale de strophes dont les notes, compliquées, absorbent toute son attention d'oiseau. Aussi le voyez-vous la tête haute, regardant le ciel, l'air inspiré, la perruque hérissée sous l'effort, et marquant la mesure. La mesure, il la marque avec sa queue, dont chaque mouvement scande sa musique.

Ces quelques préliminaires nous ayant initiés à notre sujet et un commencement de connaissance étant faite, nous allons, si vous le permettez, installer le munia dans l'appartement que nous lui destinons et surprendre les petits secrets de sa vie de famille.

Cet appartement, comme celui du diamant, comme celui de tout oiseau qu'on tient à faire reproduire, ne doit recevoir la lumière que d'un seul côté, autant que possible du côté du levant, du sud-est ou du midi.

Ici, cet appartement se compose d'une caisse de 70 centimètres de hauteur, sur 50 à 60 de largeur et de profondeur, dont le couvercle a été remplacé par un fin grillage, et dont les côtés sont percés d'ouvertures à trappes pour faciliter le service.

La caisse est posée debout, sur un petit socle, et lorsqu'elle est exposée au dehors, dans la belle saison, recouverte d'une petite toiture-abri.

Le plancher de cette sorte de chambre est tapissé d'une forte couche de fin gravier, auquel on mêle de temps en temps quelques pincées d'écailles d'huîtres pilées.

Un petit bassin pour le bain, une augette pour le grain et un canari pour la boisson, y sont déposés à portée des trappes. Le mobilier se complète par quelques perchoirs et par ce qu'on pourrait appeler le bois de lit. Le bois de lit consiste, comme celui du diamant, en une branche fourchue de thuya ou de sapin, à trois rameaux réunis à leur sommet par une ficelle et formant cavité. Cette branche est fixée en hauteur, au fond, à l'un des angles.

Quant au reste de la literie : matelas, rideaux, baldaquin, qui doit garnir le réduit, nous avons

vu tout à l'heure que ce sont nos petits pensionnaires qui s'en chargent.

Notre assistance se bornera à leur fournir les
matériaux nécessaires. Ceux qu'ils préfèrent
sont le menu foin bien sec, les graminées, les
herbes folles. Une installation séparée, par c⟨ou⟩-
ple est de rigueur. L'un et l'autre époux trav⟨aille⟩
avec patience chaque tige, brin à brin, l'assou-
plit en la passant au laminoir de son bec, puis
lorsqu'elle est préparée à son gré, la porte dans
l'excavation formée par la branche de thuya, l'y
assujettit et l'y entrelace, de manière à former
une sorte d'alcôve, voûtée et capitonnée, avec
un trou d'entrée assez large sur le devant.

A défaut de menu foin, le munia se conten-
tera de varech ; mais pas de laine, pas d'ouate.
Bon pour des moineaux mandarins, ces raffine-
ments ! lui n'entend pas élever ses enfants dans
du coton. Tout au plus, acceptera-t-il deux ou
trois plumes, et encore.

L'installation au dehors doit se faire sous la
protection d'un double grillage, par crainte des
chats. Elle a lieu au milieu d'un massif de verdure, ce qui fait illusion aux oiseaux et les dispose à la reproduction. Cette installation a lieu

vers le milieu d'avril, par un beau temps, et,
dès lors, la ponte ne se fait guère attendre. Elle
est ordinairement d'une série de trois ou quatre
œufs, que la mère couve assidûment. Lorsqu'elle
a besoin de se lever pour aller prendre sa nourriture et son bain, le père la remplace sur les
œufs et même durant les trois ou quatre jours
qui précèdent l'éclosion, il reste avec elle au
nid.

Chez le munia comme chez le diamant, la
durée de l'incubation est de treize jours. Les
petits naissent tout rouges et sans aucune espèce
de duvet. Pour peu qu'elle soit familiarisée avec
votre présence, la mère, fière de sa progéniture,
vous la montre volontiers en se rangeant de côté
pour vous permettre d'entrevoir ses bébés.

Les jeunes sont nourris au moyen d'une sorte
d'allaitement ; les parents les embecquent tour
à tour et leur versent une nourriture déjà préparée par un premier travail de leur estomac, devenue liquide et de digestion facile. Point n'est
besoin de leur venir en aide par des distributions d'œufs de fourmis. J'ai pu me convaincre
qu'ils n'y touchent pas. J'ai essayé alors de la
pâtée à faisans, mais ils la laissent presque in-

tacte, se contentant d'en extraire les parcelles d'œuf dur, surtout le jaune, et dédaignant le reste.

A certaines heures de la journée, ou si le temps se met au froid, le père et la mère gardent le nid ensemble pour lui communiquer leur chaleur réunie.

Tous les soirs invariablement, qu'ils aient ou non de la famille, vous les trouvez couchés au nid, côte à côte.

Ils ont, de même que le diamant, l'habitude de passer la nuit ainsi et non perchés.

Mais revenons à nos jeunes. Ces derniers sont assez longtemps à s'émanciper, et leur séjour au nid est plus prolongé que celui des jeunes du moineau mandarin. Ce n'est guère qu'à l'âge de six semaines qu'ils commencent à quitter leur berceau.

Peut-être me demanderez-vous comment ils font pour tenir propre leur petit réduit. Je ne demande pas mieux que de satisfaire votre curiosité ; mais je dois au préalable, le sujet étant un peu scabreux à traiter à fond, faire appel à toute votre indulgence.

Le fait est qu'ils sont nombreux dans l'appartement : le père, la mère et trois ou quatre petits; en tout, de cinq à six personnes. D'ailleurs ces gens-là, vous le savez, sont absolument dépourvus de toute espèce d'ustensile de garde-robe; mais nous allons voir qu'ils ne restent pas embarrassés pour si peu.

Je dois vous avertir, tout d'abord, qu'en pareille matière, ils procèdent de façon à dérouter les notions que nous pouvons avoir concernant les règlements de police.

Vous savez que leur attitude, au nid, est accroupie et allongée, serrés les uns contre les autres, le bec en avant.

Lorsque les besoins naturels se font sentir, chacun d'eux, à tour de rôle, vire de bord, et vient poser sur l'appui de la fenêtre, non plus son bec, mais l'extrémité opposée, de manière à la faire surplomber dans le vide. Cela fait, l'exécutant lâche son trop plein, sans crier gare, et passe le tour à un autre. Ma foi, tant pis pour la patrouille. De cette façon la chambre ne sera pas infectée.

N'allez pas, sur ce, me jeter la pierre et crier au naturalisme, au moins. Remarquez que c'est vous qui avez voulu savoir. Je dis ce que j'ai vu.

Je suis persuadé que M. Prudhomme, si jamais ces lignes lui passent sous les yeux, ne manquera pas d'ajouter, en manière de conclusion :

« Admirons les procédés de la nature, et convenons tout bas, oh! bien bas, que, règlements de police à part, bien peu d'entre nous seraient capables d'en faire autant. »

Nous avons vu tout à l'heure que, vers l'âge de six semaines, les jeunes commencent à quitter le nid pour s'essayer à voler de leurs propres ailes. Durant les premiers jours, les parents continuent, mais seulement par intervalles, à leur verser par le bec la nourriture de la première enfance, jusqu'à ce qu'enfin ils aient pris l'habitude de manger tout à fait seuls.

Contrairement à ce qui se passe chez les diamants, les munias ne chassent pas leurs jeunes, même adultes, mais il résulte de cette éducation prolongée qu'au lieu de faire, comme le moineau mandarin de l'Australie trois ou quatre portées par an, le moineau du Japon n'amène guère, lui, que deux portées.

Après la sortie du nid, a lieu, chez le Japonais, l'instruction des jeunes. L'oiseau étranger n'entend pas faire de ses enfants des flâ-

-neurs, des polissons des rues, comme ces vau-
riens de petits pierrots français, fi donc! Il in-
culquera de bonne heure à son enfant l'amour
de l'étude et du travail. C'est beaucoup dans la
vie. Il tient à lui transmettre ses talents de vir-
tuose, auxquels il doit le prix élevé, la faveur
dont il est l'objet, et qui lui ont ouvert tant de
salons.

Voici dans quelles conditions je l'ai surpris à
l'œuvre :

Ayant installé, certain jour, deux munias, le
père et son jeune enfant, dans une cage à ma
portée, je vis tout à coup le père se percher sur
l'échelon supérieur, puis, à son appel, le fils vint
se ranger à son côté. Alors le père commença,
de sa petite voix grave, à chanter le morceau
dont je vous ai parlé. Le fils écoutait, recueilli.
Puis, soit que le papa eût surpris une faute d'attention chez l'enfant, soit qu'il eût remarqué
chez lui quelque peine à comprendre, toujours
est-il que, sans interrompre son chant, il lui ap-
pliqua sur l'occiput un petit coup de bec, comme
pour faire pénétrer la leçon. La chanson finie,
la parole fut donnée au petit. Alors celui-ci,
avec hésitation d'abord, puis s'animant par de-

grés, répéta sans se tromper la strophe pater-
nelle.

Nous venons de voir ce qu'est le munia sous
le rapport des mœurs, des habitudes et de la
vie de famille. Il nous reste à vous le montrer
au point de vue du caractère. Je le fais d'autant
plus volontiers que je n'ai, de ce côté, que de
bons renseignements à vous donner sur son
compte.

Point grincheux, mais au contraire avenants,
sociables, hospitaliers, aimant à rendre service,
tels sont les moineaux du Japon. Ce sont d'excel-
lentes personnes, ce qu'on appelle de bon
monde.

Un exemple à l'appui :

Ces jours derniers, un bec de corail, que j'ai
ici, devint veuf. Depuis son malheur, ce pauvre
bec de corail s'ennuyait à faire pitié. Pour
le distraire, l'idée me vint de le réunir à un couple de munias, qui occupe un compartiment séparé, sauf à le reprendre en cas de mauvais accueil. Quelle ne fut pas ma surprise de voir que,
contrairement à ce qui se passe d'ordinaire dans
toute cage où l'on introduit des intrus, personne ne songeait à le molester. On le laisse li-

bre d'agir à sa guise, il va, vient, se perche,
boit, mange, sans qu'on ait l'air de faire attention à lui, sans doute pour mieux le mettre à son
aise. On semble respecter sa douleur et le traiter avec des égards. Le soir il prend place au
nid, avec ses hôtes, et avec une attention exquise
ils le laissent s'installer entre eux deux, c'est-à-
dire, à la meilleure place. J'espère qu'il serait
difficile de prétendre, après cela, que les munias sont mauvais coucheurs.

Je vous ai raconté, Madame, à peu près tout ce
que je sais sur le compte du moineau du Japon.
Peut-être, à mon bavardage, eussiez-vous préféré
un bon chapitre d'histoire naturelle bien char-
penté; mais, ce n'est pas dans mes moyens : je
ne suis pas un savant. Mon ambition vise moins
haut. Trop heureux si j'ai pu vous intéresser
par quelques potins concernant un petit oiseau
étranger que je connais familièrement pour
l'avoir fréquenté.

FIN.

## CHAPITRE VI.

### LES DIAMANTS.



## CHAPITRE VII.

### LES BENGALIS.



FIN.